Babacar Seck

Optimisation Stochastique sous Contrainte de Risque

Babacar Seck

Optimisation Stochastique sous Contrainte de Risque

et Fonctions d'Utilité

Presses Académiques Francophones

Impressum / Mentions légales

Bibliografische Information der Deutschen Nationalbibliothek: Die Deutsche Nationalbibliothek verzeichnet diese Publikation in der Deutschen Nationalbibliografie; detaillierte bibliografische Daten sind im Internet über http://dnb.d-nb.de abrufbar.

Information bibliographique publiée par la Deutsche Nationalbibliothek: La Deutsche Nationalbibliothek inscrit cette publication à la Deutsche Nationalbibliografie; des données bibliographiques détaillées sont disponibles sur internet à l'adresse http://dnb.d-nb.de.

Coverbild / Photo de couverture: www.ingimage.com

Verlag / Editeur:
Presses Académiques Francophones
ist ein Imprint der / est une marque déposée de
AV Akademikerverlag GmbH & Co. KG
Heinrich-Böcking-Str. 6-8, 66121 Saarbrücken, Deutschland / Allemagne
Email: info@presses-academiques.com

Herstellung: siehe letzte Seite /
Impression: voir la dernière page
ISBN: 978-3-8381-7826-4

THÈSE

présentée pour l'obtention du titre de

Docteur de l'École nationale des Ponts et Chaussées

Spécialité : Mathématiques et Informatique

par

Babacar SECK

Sujet : *Optimisation stochastique sous contrainte de risque
et fonctions d'utilité*

Soutenance le 24 Septembre 2008 devant le jury composé de :

Rapporteurs :	Alain Chateauneuf	Université Paris I
	André De Palma	ENS Cachan
Examinateurs :	Frédéric Bonnans	INRIA
	Pierre Carpentier	UMA-ENSTA
	Laetitia Andrieu	Électricité de France
	Jean-François Delmas	ENPC
Directeur de thèse :	Michel De Lara	ENPC

Table des matières

Remerciements   **vii**

Avant-Propos   **ix**

Résumé   **xi**

Extended Abstract   **xiii**

Introduction   **6**

I   Le cas statique   **7**

1   Mesures de risque et décision dans l'incertain   **9**
   1.1   Préliminaires 10
     1.1.1   Risque et incertitude 10
     1.1.2   La dominance stochastique 11
     1.1.3   Rappels sur les relations de préférence 13
   1.2   Mesures de risque 14
     1.2.1   Quelques mesures de risque usuelles 14
     1.2.2   Axiomatique des mesures de risque 18
     1.2.3   Ensembles acceptables 21
   1.3   Les modèles économiques de décision dans l'incertitude et le risque . . . 22
     1.3.1   Décision dans le risque 23
     1.3.2   Décision dans l'incertain 26
   1.4   Mesures de l'aversion au risque 32
     1.4.1   Équivalent certain 32

        1.4.2   Prime de risque   33
        1.4.3   Cas de l'utilité espérée   33

2 **Formulation économique d'un problème d'optimisation sous ...**   **37**
    2.1   Démarche générale proposée   37
    2.2   La classe des mesures de risque de l'infimum espéré   38
        2.2.1   Définition et exemples   38
        2.2.2   Liens entre les mesures de risque cohérentes et la classe   41
    2.3   Mesures de risque et fonctions d'utilité   42
        2.3.1   Théorème d'équivalence entre un problème d'optimisation   42
        2.3.2   Discussion économique   45
        2.3.3   Optimisation stochastique sous une contrainte de la classe   49
    2.4   Application à un problème élémentaire de finance   51
        2.4.1   Optimisation sous contrainte de *Conditional Value-at-Risk*   . . .   51
        2.4.2   *Conditional Value-at-Risk* et aversion aux pertes.   52

II   **Le cas dynamique**   **55**

3 **Formulation économique d'un problème d'optimisation sous ...**   **57**
    3.1   Un problème d'optimisation dynamique sous contraintes de risque   . . .   58
    3.2   Mesures de risque et fonctions d'utilité   59
    3.3   Programmation dynamique stochastique et contraintes de risque   63
        3.3.1   Différentes contraintes de risque statiques   63
        3.3.2   Modèle de commande optimale stochastique sous contraintes ...   64

4 **Gestion de la production de l'électricité à l'horizon moyen terme**   **67**
    4.1   Gestion dynamique de production   68
        4.1.1   Portefeuille "physique" de production   68
        4.1.2   Les marchés de l'électricité   69
        4.1.3   L'équilibre offre-demande   70
        4.1.4   Prise en compte du risque financier   71
    4.2   Formulation mathématique   74
        4.2.1   Mise sous forme canonique   74
        4.2.2   Méthode de résolution.   75

4.3 Résultats numériques 78

    4.3.1 Problème sans contrainte de risque 78

    4.3.2 Problème avec contraintes de risque 79

    4.3.3 Problème d'optimisation avec une des fonctions d'utilité 80

    4.3.4 Problème d'optimisation avec une fonction d'utilité 81

Conclusion et perspectives   **84**

A Axiomes et paradoxes en contexte de risque ou d'incertitude   **87**

B Algorithme d'Arrow-Hurwicz   **95**

C Quelques compléments sur le problème de gestion de production   **97**

D Rappels d'optimisation et d'analyse convexe   **101**

Bibliographie   **108**

Index   **114**

Remerciements

Je remercie d'abord mon directeur de thèse Michel De Lara qui a accepté de suivre cette thèse. Sa rigueur scientifique et ses nombreuses remarques m'ont été d'un grand apport. Qu'il trouve en ces quelques mots toute ma reconnaissance.

Je remercie Laetitia Andrieu, ingénieur et chercheur à EDF Recherche et Développement. Elle a proposé et suivi cette thèse avec intérêt et rigueur. Sa collaboration a beaucoup guidé les thèmes abordés dans ce manuscrit.

Je remercie Alain Chateauneuf et André De Palma d'avoir accepté d'être rapporteurs de cette thèse. Par ailleurs, les nombreux échanges que j'ai eus, durant ma thèse, avec Alain Chateauneuf ont été d'un apport important. Je lui en suis reconnaissant. Mes remerciements chaleureux vont aussi à tous les autres membres du jury de ma thèse : Frédéric Bonnans, Pierre Carpentier et Jean-François Delmas.

Je remercie très chaleureusement Fabio Maccheroni qui a toujours été disponible pour discuter de ses travaux.

Je remercie toute l'équipe SOWG (System Optimisation Working Group) dirigée par Michel De Lara et composé de Pierre Carpentier, Jean-Philippe Chancelier, Guy Cohen, Pierre Girardeau et Jennis Lioris. Les encouragements, l'aide et la gentillesse de Pierre Carpentier m'ont beaucoup marqué. Les conseils et les remarques de Jean-Philippe Chanchelier et de Guy Cohen m'ont aidé à bien cerner certains sujets que j'ai abordé lors des réunions hebdomadaires de l'équipe SOWG. Et enfin, aux collègues de bureau et thésards Pierre Girardeau et Jennis Lioris, je dois une bonne ambiance de travail durant mes trois années de thèse.

Par la même occasion, je remercie très chaleureusement Kengy Barty, Anes Dallagi et Cyrille Strugarek. Ils m'ont soutenu et encouragé durant les moments difficiles de ma thèse. Mes remerciements vont aussi à tous les membres du laboratoire CERMICS et particulièrement aux thésards et post-doctorant Pierre Sochala, Amélie Deleurence, Sébastien Boyaval, Ismaela Dabo et j'en passe.

Une bonne partie de cette thèse s'est déroulée dans les locaux d'EDF. Je remercie François-Régis Monclar qui m'a donné l'occasion de faire un stage de DEA durant l'été 2005 à EDF R&D, stage qui a abouti à cette thèse. Je remercie Jean-Philippe Argaud qui a co-dirigé avec Laetitia Andrieu ce stage. Ses conseils et ses remarques m'ont beaucoup aidé lors de mes premiers pas dans le monde de la recherche. Je témoigne ma reconnaissance à mon chef de projet Xavier Warin et à Wim van Ackooij. Ils ont suivi avec intérêt les applications que j'ai faites durant cette thèse. Leurs conseils et suggestions m'ont permis de bien comprendre certaines problématiques de la gestion de la production de l'électricité. Je remercie aussi tous les membres du groupe gestion des risques et valorisation, leur convivialité y fait régner une bonne ambiance.

Je pense aussi à mes camarades thésards : Arnaud Lenoir, Grégory Emiel et Marie Berhnart.

C'est à ma famille que je dois la concrétisation de tant d'années d'études. Je remercie du fond du cœur mon père Alassane, qui m'a inculqué dès le bas âge le goût de l'effort et le sens du sacrifice, et sa femme née Marie Dabo qui n'a ménagé aucun effort pour nous éduquer. À mes frères et sœurs, j'adresse mes sincères remerciements pour leur affection, leurs encouragements et leur soutien. Je pense à ma seconde famille, la famille Pouye cis à Bagneux et particulièrement à Souleymane Diagne et Sogui Ndiaye, et à mes amis de Bargny, particulièrement à Ismaela Fall.
Je remercie avec beaucoup de respect mes compagnons et frères Ousmane Sall, Dame Diop, Couly Diop, feu Mactar Séne, Diamadi, Chérif et j'en passe.

Enfin, je finis par remercier ma femme, Diakhou Thiam pour m'avoir encouragé, soutenu et supporté durant ces trois dernières années. Quelques mots ne suffiront pas pour lui témoigner toute ma gratitude.

Avant-Propos

Cette thèse s'est déroulée conjointement au laboratoire CERMICS[1] de l'École Nationale des Ponts et Chaussées dans l'équipe Optimisation et Système et à EDF Recherche et Développement dans le groupe "Gestion des risques et valorisation" du département OSIRIS.[2] Pour EDF, aux problématiques historiques de gestion de production de l'électricité s'ajoute aujourd'hui la prise en compte du risque financier lié à l'émergence des marchés de l'énergie permettant ainsi des échanges physiques et financiers autour de l'électricité. C'est dans ce contexte que s'inscrit cette thèse : nous étudions différentes façons d'incorporer le risque dans des problèmes d'optimisation stochastique. L'objectif est de proposer des modèles mathématiques et des outils informatiques permettant de gérer conjointement l'amont (parc de production de l'électricité, contrats d'approvisionnement d'électricité, etc.) et l'aval (contrats de fourniture, ventes sur les marchés de l'énergie, etc.).

---

[1] Centre d'Enseignement et de Recherche en Mathématiques et Calcul Scientifique.
[2] Optimisation SImulation RIsque et Statistique pour les marchés de l'énergie.

Résumé

Dans un contexte d'ouverture à la concurrence et d'émergence des marchés de l'énergie, la production d'électricité est affectée par de nouvelles sources d'aléas ; les variations de prix sur les marchés de l'énergie. Ces sources d'aléas induisent un nouveau risque, le risque de marché. Nous étudions la possibilité d'introduire des contraintes, exprimées par des mesures de risque, dans le processus d'optimisation de la production de l'électricité lorsque des contrats financiers sont échangés sur les marchés de l'énergie.

Dans ce travail, pour ce qui est du risque, nous distinguons l'approche "ingénieur" (prise en compte du risque par des mesures de risque) de l'approche "économiste" (prise en compte du risque par des fonctions d'utilité). Un aperçu global de ces différentes approches est donné au Chapitre 1 dans un cadre statique. Les mesures de risque associent à une variable aléatoire réelle un scalaire. L'axiomatique des mesures de risque monétaires permet d'interpréter ce scalaire comme un capital. On associe alors aux mesures de risque des ensembles de positions acceptables c'est-à-dire ne nécessitant pas de capital supplémentaire pour se couvrir contre le risque. D'un autre point de vue, les modèles de décision en économie traduisent les préférences d'un décideur face au risque (modèles de décision dans le risque) ou à l'incertitude (modèles de décision dans l'incertain). Des indices d'aversion au risque (ou aux pertes) permettent de mesurer la perception du risque ou de l'incertitude du décideur après avoir modélisé ses préférences par un certain nombre d'axiomes.

Ces deux points de vue sont rapprochés dans le Chapitre 2. Nous donnons une formulation économique (à la Maccheroni) à un problème d'optimisation statique sous contrainte de risque lorsque la mesure de risque s'écrit sous la forme d'un infimum espéré comme la variance, la *Conditional Value-at-Risk* etc. Cette formulation permet d'attacher une classe de fonctions d'utilité à une mesure de risque. Nous introduisons la notion de prime de contrainte de risque englobant équivalent certain et niveau de contrainte associé à une mesure de risque. Une application à un problème de finance relativement simple est présentée pour clore ce chapitre ; nous y illustrons le lien qui existe entre la *Conditional Value-at-Risk* et la notion d'aversion aux pertes.

Le résultat d'équivalence obtenu dans le Chapitre 2 est étendu à un cadre d'optimisation dynamique sous contraintes de risque dans le Chapitre 3. Il faut alors considérer une famille de fonctions valeurs paramétrées par les multiplicateurs de Lagrange associés aux contraintes de risque et les variables auxiliaires servant à écrire les mesures de risque sous la forme d'un infimum espéré. Ce résultat s'obtient à condition que les contraintes de risque soient multi-périodes et que la mesure de risque considérée s'écrive sous la forme d'un infimum espéré.

Une application numérique de cette approche est présentée pour résoudre un problème de gestion de production de l'électricité sous contrainte de *Conditional Value-at-Risk* à l'horizon moyen terme ; c'est l'objet du Chapitre 4. La résolution avec toute autre mesure de risque s'écrivant sous la forme d'un infimum espéré est également faisable. Une description succincte du problème réel considéré est présentée : la production de l'électricité (les moyens de production et les aléas d'indisponibilité, de demandes et de prix) et les achats/ventes sur les marchés de l'énergie (contrats à terme ou *future* et contrats *spot*).

Nous identifions par la suite les difficultés techniques liées à la résolution numérique de ce problème. La prise en compte du risque par fonction d'utilité est aussi expérimentée : elle permet d'intégrer des contraintes de risque directement dans le critère à optimiser.

Dans le cas de la *Conditional Value-at-Risk*, les fonctions d'utilité obtenues expriment de l'aversion aux pertes, cette dernière pouvant être déterminée empiriquement. Nous proposons d'incorporer le risque par une fonction d'utilité affine par morceaux exhibant "ancrage" et "aversion aux pertes", plutôt que par contrainte de risque.

Mots clés : mesures de risque, fonctions d'utilité, théorie de la *nonexpected utility*, maxmin, programmation dynamique, *Conditional Value-at-Risk*, aversion aux pertes

Extended Abstract

Taking risk into account in decision problems in a mathematical formal way is more and more widespread for economic reasons. For instance, liberalization of energy markets displays new issues for electrical companies which now have to master both traditional problems (such as optimization of electrical generation) and emerging problems (such as integration of spot markets and risk management, see e.g. [22]). The historical issue which consisted in managing the electrical generation at lowest cost evolved: liberalization of energy markets and introduction of spot markets may now lead to consider a problem of revenue maximization under earning at risk constraint, because financial risks are now added to the traditional risks.

Let us now be slightly more formal. Consider a decision maker (DM) who maximizes the mathematical expectation of the random return of his portfolio $J(\mathsf{a}, \xi)$ with respect to a decision variable a (the random variable ξ stands for the uncertainties that can affect the return). The question of how to take risk into account in addition has been studied since long.

On the one hand, the DM may maximize the expectation of $J(\mathsf{a}, \xi)$ under explicit risk constraints $\mathcal{R}$[3]:

$$\sup_{\mathsf{a} \in \mathbb{A}} \mathbb{E}\big[J(\mathsf{a}, \xi)\big] \ \text{ s.t. } \ \mathcal{R}\big(- J(\mathsf{a}, \xi)\big) \leq \gamma, \tag{0.1}$$

where

- $\mathbb{A} \subset \mathbb{R}^n$ is a set of actions, or decisions;
- ξ is a random variable defined on a probability space $(\Omega, \mathcal{F}, \mathbb{P})$, with values in $\mathbb{R}^p$;

---

[3]"s.t." means "subject to".

- $J : \mathbb{R}^n \times \mathbb{R}^p \to \mathbb{R}$ is a mapping, such that for any action $\mathbf{a} \in \mathbb{A}$, the random variable $J(\mathbf{a}, \xi)$ represents the prospect (profit, etc.) of the decision maker (DM);
- $\mathcal{R}$ is the risk measure on loss $-J(\mathbf{a}, \xi)$, together with the level constraint $\gamma \in \mathbb{R}$, such as variance or Conditional Value-at-Risk.

The risk measure $\mathcal{R}$ associates to the random loss $L = -J(\mathbf{a}, \xi)$ a real value $\mathcal{R}(L)$. If the risk measure $\mathcal{R}$ has a monetary interpretation, the quantity $\mathcal{R}(L)$ makes the position $\mathcal{R}(L) + L$ acceptable. We shall coin this practice as belonging to the "engineers" or practitioners world. The advantage of this approach is an explicit formulation of risk constraints which answers to economic regulation requirements (Basel 1 and 2 for example). But risk constraints may not be easy to integrate in real problem (electrical portfolio management for example). The challenge is to choose an adapted formulation to the problem which is considered and an efficient algorithm for numerical resolution.

On the other hand, the DM may maximize the expectation of $U(J(\mathbf{a}, \xi))$

$$\sup_{\mathbf{a} \in \mathbb{A}} \mathbb{E}\left[U\big(J(\mathbf{a}, \xi)\big)\right] \text{ where } U \text{ is a utility function.} \tag{0.2}$$

Then the utility function captures more or less risk aversion (in the so called expected utility theory, or more general functionals); this is the world of economists. The advantage of this approach is there are no additional constraints to integrate risk in stochastic optimization problem. Now the DM has to choose one utility function which expresses his risk aversion.

Formulations (0.1) and (0.2) are static. In practice, decisons may take account information available during times (for instance selling or buying contracts on energy market) and problems are dynamic. A dynamic extension of (0.1) can be expressed as

$$\sup_{\hat{\mathbf{A}}(\cdot)} \mathbb{E}\left[\sum_{t=t_0}^{T-1} J(X(t), \mathbf{A}(t), \mathbf{W}(t)) + K(X(T))\right], \tag{0.3a}$$

where $\hat{\mathbf{A}}(\cdot)$ is a sequence $(\hat{\mathbf{A}}(t_0, \cdot), \ldots, \hat{\mathbf{A}}(T-1, \cdot))$ of *feedbacks*, subject to dynamic constraints

$$X(t+1) = f(X(t), \mathbf{A}(t), \mathbf{W}(t)), \tag{0.3b}$$
$$\mathbf{A}(t) = \hat{\mathbf{A}}(t, X(t)), \tag{0.3c}$$

and risk constraints

$$\mathcal{R}\left(-J(X(t), \mathbf{A}(t), \mathbf{W}(t))\right) \leq \gamma(t), \, t = t_0, \ldots, T-1. \tag{0.3d}$$

Differents ways to formulate risk constraints $(0.3\mathrm{d})$ are possible. We will discuss it in Chapter 3. Dynamic formulation of (0.2) may be

$$\mathbb{E}\left[\sum_{t=t_0}^{T-1} U_t\big(J(X(t),\mathsf{A}(t),\mathsf{W}(t))\big) + U_T\big(K(X(T))\big)\right] \tag{0.4}$$

where risk is captured by utility functions U_t.

The document is organised as follow. In Chapter 1 we discuss risk measures and decision models in economic theory.

Economic decision models intend to find numerical representations of the preferences of a DM, satisfying given axioms. The basic models are the expected utility model (von Neumann and Morgenstern [72]) in risk context and the subjective expected utility model (Savage [66]) in uncertainty context (making distinction between risk and uncertainty was discussed by Knight in [44]). There are others decision models which extend these two models and are called nonexpected utility models: the rank-dependent expected utility (Quiggin [57]), the Choquet expected utiliy (Schmeidler [67, 68]), the multi-prior model (Gilboa and Schmeidler [34]), the multi-utility model (Maccheroni [46]), the cumulative prospect theory due to Kahneman and Tversky [42], etc.

These two points of view of risk (formulations 0.1 and 0.2) are linked in Chapter 2 in the following sense:

$$\begin{cases} \sup_{\mathsf{a}\in\mathbb{A}} \mathbb{E}\big[J(\mathsf{a},\xi)\big] \\ \text{s.t.} \quad \mathcal{R}\big(-J(\mathsf{a},\xi)\big) \leq \gamma \end{cases} \Longleftrightarrow \sup_{(\mathsf{a},\eta)\in\mathbb{A}\times\mathbb{R}} \inf_{U\in\mathcal{U}} \mathbb{E}\big[U\big(J(\mathsf{a},\xi),\eta\big)\big] \tag{0.5}$$

where the set $\mathcal{U}$ of utility functions depends on the risk measure $\mathcal{R}$.

Given a constraint level γ, we obtain the optimal decision $\mathsf{a}_\gamma^\sharp$. We introduce the notion of monetary premium $\pi(\gamma)$ attached to the constraint level γ, defined by the difference

$$\pi(\gamma) := \mathbb{E}\big[J(\mathsf{a}_\infty^\sharp,\xi)\big] - J_c^\sharp(\gamma), \tag{0.6}$$

where $J_c^\sharp(\gamma)$ denotes a certainty equivalent (see Subsection $1.4.1$)[4]. $\pi(\gamma)$ measures a monetary equivalent of the loss on the mean return without constraint at optimum

---

[4] The DM is indifferent between the random return $J(\mathsf{a}_\gamma^\sharp,\xi)$ and the certainty equivalent $J_c^\sharp(\gamma)$.

$\mathbb{E}\left[J(\mathsf{a}_\infty^\sharp,\xi)\right]$ due to the introduction of the risk constraint. The monetary premium can be decomposed in two non negative terms

$$\pi(\gamma) = \underbrace{\left(\mathbb{E}\left[J(\mathsf{a}_\infty^\sharp,\xi)\right] - \mathbb{E}\left[J(\mathsf{a}_\gamma^\sharp,\xi)\right]\right)}_{\textit{loss of optimality}} + \underbrace{\left(\mathbb{E}\left[J(\mathsf{a}_\gamma^\sharp,\xi)\right] - J_c^\sharp(\gamma)\right)}_{\textit{risk premium}} \geq 0 \,, \qquad (0.7)$$

$\mathsf{a}_\infty^\sharp$ is the solution of (0.1) where there is no risk constraint, supposed to be unique. The first term, that we call *loss of optimality* and which has no economic content, measures the decrease on the mean return without constraint at optimum $\mathbb{E}\left[J(\mathsf{a}_\infty^\sharp,\xi)\right]$ due to the introduction of the risk constraint. The second term is known as *risk premium* and is well known to be a non negative measure of *risk aversion*, see Pratt [56].

Numerical application is presented when the risk measure is the Conditional Value-at-Risk. This risk measure suggest a class of utility functions expressing loss aversion:

$$U(x) = x + \eta + (1-\theta)(-x-\eta)_+ \qquad (0.8)$$

where θ is a loss aversion parameter and $-\eta$ a threshold which separates losses from gains.

The equivalence result obtained in Chapter 2 is extended to the dynamic case (Chapter 3). Problem (0.3) is equivalent to

$$\sup_{(\hat{\mathsf{A}}(\cdot),\eta(\cdot))} \inf_{(U_{t_0},\dots,U_{T-1})\in\mathcal{U}^{T-t_0}} \mathbb{E}\left[\sum_{t=t_0}^{T-1} U_t\big(J(X(t),\mathsf{A}(t),\mathsf{W}(t)),\eta(t)\big) + K(X(T))\right] \qquad (0.9)$$

where $\mathcal{U}$ is interpreted as a set of utility functions. After introducing a family of Bellman functions, we show how the problem (0.3) may be theoretically solved by means of a family of stochastic dynamic equations. We take inspiration from this principle to solve numerically an electrical portfolio problem subject to Conditional Value-at-Risk constraint (Chapter 4). Utility functions defined in (0.8) are also experimented to take risk into account.

Key Words: risk measures, utility functions, nonexpected utility theory, maxmin, dynamic programming, Conditional Value-at-Risk, loss aversion

Introduction

La prise en compte d'un terme de risque dans des problèmes d'optimisation stochastique permet d'intégrer de nouvelles considérations liées

- soit à des dispositifs réglementaires externes (accords de Bâle 1 et 2[5], accords de Solvency[6], etc.) ; c'est un niveau macroéconomique ;

- soit à des dispositifs internes en accord avec la politique de l'entreprise considérée ou aux préférences d'un décideur (aversion au risque, environnement socio-économique, etc.) ; c'est un niveau microéconomique.

Avec l'ouverture à la concurrence et l'émergence des marchés de l'énergie, EDF dispose de nouveaux outils de couverture pour assurer l'équilibre offre-demande. Mais en même temps, EDF s'expose à un nouveau type de risque : le risque de marché (risque lié aux variations de prix). Nous tentons dans cette étude d'intégrer ce risque dans le processus d'optimisation de la production de l'électricité.

Nous nous focalisons sur deux façons d'incorporer le risque :

1. le premier point de vue, que nous qualifions d'approche "ingénieur", est basé sur la notion de mesures de risque ;

2. le deuxième point, de vue que nous qualifions d'approche "économiste", est basé sur la notion de fonction d'utilité.

Dans l'approche "ingénieur" on cherche par exemple à maximiser un certain critère sous une contrainte[7] de risque :

---

[5]Dispositifs réglementaires visant à assurer la stabilité du système bancaire international pour les banques d'investissement.

[6]même dispositifs que Bâle dans le domaine de l'assurance.

[7] L'abréviation s.c. désignera l'expression "sous contrainte".

$$\sup_{\mathbf{a} \in \mathbb{A}} \mathbb{E}\big[J(\mathbf{a}, \xi)\big] \ \ \text{s.c.} \ \ \mathcal{R}\big(-J(\mathbf{a}, \xi)\big) \leq \gamma, \tag{0.10}$$

où

- $J(\mathbf{a}, \xi)$ est une variable aléatoire à valeurs réelles qui dépend de la décision $\mathbf{a}$ et d'un aléa ξ défini sur un espace de probabilité $(\Omega, \mathcal{F}, \mathbb{P})$;
- $\mathcal{R}$ mesure le risque associé aux pertes $-J(\mathbf{a}, \xi)$ auquel on associe un niveau de contrainte γ ;
- $\mathbb{A}$ est un ensemble de décisions admissibles.

L'avantage de cette approche est la formulation explicite du risque qui, dans certains cas, répond à des normes réglementaitres. Par contre, la contrainte peut être difficile

- à traiter numériquement en ce qui concerne le type d'algorithme à mettre en œuvre ;
- ou même à formuler dans des problèmes d'optimisation dynamique (la littérature dans ce domaine n'étant pas aussi complète et mature).

Dans l'approche "économiste" on cherche à maximiser l'espérance d'utilité d'un certain critère ; par exemple

$$\sup_{\mathbf{a} \in \mathbb{A}} \mathbb{E}\big[U\big(J(\mathbf{a}, \xi)\big)\big] \ , \ \text{où } U \text{ est une fonction d'utilité.} \tag{0.11}$$

Les propriétés de la fonction d'utilité traduisent alors implicitement la notion de risque. Par exemple, que l'espérance $\mathbb{E}[G]$ du profit aléatoire G est préférée à G se traduit par la concavité de la fonction d'utilité U. Ainsi le décideur averse au risque aura une fonction d'utilité concave, le décideur ayant le goût du risque aura une fonction d'utilité convexe et le décideur neutre au risque aura une fonction d'utilité linéaire. L'avantage de cette approche est qu'elle ne nécessite pas de contrainte pour traiter le risque car le risque est pris en compte via une fonction d'utilité ; la difficulté est alors de choisir une fonction d'utilité qui traduise bien l'aversion au risque du décideur.

Les formulations (0.10) et (0.11) sont statiques. En pratique, bon nombre de décisions sont dynamiques et sont réajustées au fur et à mesure que l'information est disponible au cours du temps (arrêts/démarrage d'actifs de productions, achats/ventes sur les marchés financiers, etc.).

Par exemple, dans un cadre dynamique le problème (0.10) peut être formulé de la manière suivante

$$\sup_{\hat{\mathtt{A}}(\cdot)} \mathbb{E}\left[\sum_{t=t_0}^{T-1} J(X(t), \mathtt{A}(t), \mathtt{W}(t)) + K(X(T))\right], \qquad (0.12a)$$

où $\hat{\mathtt{A}}(\cdot)$ désigne une suite $(\hat{\mathtt{A}}(t_0, \cdot), \ldots, \hat{\mathtt{A}}(T-1, \cdot))$ de *feedbacks* sous les contraintes dynamiques

$$X(t+1) = f(X(t), \mathtt{A}(t), \mathtt{W}(t)), \qquad (0.12b)$$

$$\mathtt{A}(t) = \hat{\mathtt{A}}(t, X(t)), \qquad (0.12c)$$

et sous les contraintes de risque

$$\mathcal{R}(-J(X(t), \mathtt{A}(t), \mathtt{W}(t))) \leq \gamma(t), \ t = t_0, \ldots, T-1. \qquad (0.12d)$$

Différentes façons d'incorporer les contraintes de risque (0.12d) sont possibles ; nous y reviendrons dans le Chapitre 3.

Pour obtenir une formulation dynamique du problème économique (0.11) on peut considérer la formulation (0.12) et remplacer la fonction objectif par

$$\mathbb{E}\left[\sum_{t=t_0}^{T-1} U_t\big(J(X(t), \mathtt{A}(t), \mathtt{W}(t))\big) + U_T\big(K(X(T))\big)\right] \qquad (0.13)$$

puis supprimer les contraintes de risque (0.12d) puisque le risque est maintenant pris en compte via les fonctions d'utilité U_t.

L'étude de la prise en compte du risque dans des problèmes dynamiques ne sera pas abordée dans ce manuscrit.

Ce manuscrit est divisé en deux parties.

Dans la première partie, nous passons en revue les différentes représentations du risque dans le cas statique (Chapitre 1). Dans l'approche "ingénieur", on associe à une variable aléatoire G le risque $\mathcal{R}(G)$; la fonction $\mathcal{R}$ est appelée mesure de risque (par exemple la variance, la *Value-at-Risk*, la *Conditional Value-at-Risk*, etc.). Des axiomes de cohérence ou de convexité permettent alors de mieux appréhender le risque. Dans le même ordre d'idées, on associe aux mesures de risque des ensembles

$$\mathcal{C}_{\mathcal{R}} = \Big\{\text{variables aléatoires } G \text{ telles que } \mathcal{R}(G) \leq 0\Big\} \qquad (0.14)$$

permettant de distinguer les positions acceptables des positions risquées. Dans l'approche "économiste", on étudie des modèles de décision dans le risque ou dans l'incertitude. En situation risquée, on compare des loteries (modèles de von Neumann et Morgenstern) ou des variables aléatoires discrètes (modèle de l'utilité espérée dépendant du rang). En situation d'incertitude on compare des variables aléatoires (modèle d'utilité à la Choquet et modèles multi-prior) ou des loteries (modèles multi-utilité).

Un autre point de vue distingue les gains des pertes par une même fonction d'utilité, c'est la *cumulative prospect theory*. Sous un certain nombre d'hypothèses, nous montrons que les deux formulations (formulation ingénieur (0.10) et formulation économiste (0.11)) sont en rapport au sens suivant :

$$\begin{cases} \sup_{\mathsf{a}\in\mathbb{A}} \mathbb{E}\big[J(\mathsf{a},\xi)\big] \\ \text{s.c.} \quad \mathcal{R}\big(-J(\mathsf{a},\xi)\big) \leq \gamma \end{cases} \Longleftrightarrow \sup_{(\mathsf{a},\eta)\in\mathbb{A}\times\mathbb{R}} \inf_{U\in\mathcal{U}} \mathbb{E}\big[U\big(J(\mathsf{a},\xi),\eta\big)\big] \qquad (0.15)$$

où $\mathcal{U}$ est un ensemble de fonctions (d'utilité), (Chapitre 2). À une décision optimale $\mathsf{a}_\gamma^\sharp$ pour un niveau de contrainte γ on associe une prime monétaire de contrainte de risque :

$$\pi(\gamma) = \underbrace{\big(\mathbb{E}\big[J(\mathsf{a}_\infty^\sharp,\xi)\big] - \mathbb{E}\big[J(\mathsf{a}_\gamma^\sharp,\xi)\big]\big)}_{\text{perte d'optimalité}} + \underbrace{\big(\mathbb{E}\big[J(\mathsf{a}_\gamma^\sharp,\xi)\big] - J_c^\sharp(\gamma)\big)}_{\text{prime de risque}} \geq 0 \,, \qquad (0.16)$$

où $\mathsf{a}_\infty^\sharp$ va correspondre à la décision optimale lorsqu'il n'y a pas de contrainte de risque et $J_c^\sharp(\gamma)$ désigne un équivalent certain (défini dans la Sous-section 1.4.1). Cette prime de contrainte peut permettre de mesurer l'impact du niveau de contrainte sur le gain moyen sans contrainte de risque.

Une application numérique en finance est présentée lorsque la contrainte de risque est exprimée par la *Conditional Value-at-Risk*. La forme particulière des fonctions d'utilité de l'ensemble $\mathcal{U}$ nous suggère de considérer des fonctions d'utilité de la forme

$$U(x) = x + \eta + (1-\theta)(-x-\eta)_+ \qquad (0.17)$$

où θ est interprété comme un paramètre d'aversion aux pertes et $-\eta$ un seuil (ancrage) permettant de distinguer les pertes des gains.

Dans la deuxième partie le résultat d'équivalence du Chapitre 2 est étendu au cas dynamique (Chapitre 3). On obtient que (0.12) est équivalent à

$$\sup_{(\mathbb{A}(\cdot),\eta(\cdot))} \inf_{(U_{t_0},\dots,U_{T-1})\in\mathcal{U}^{T-t_0}} \mathbb{E}\Big[\sum_{t=t_0}^{T-1} U_t\big(J(X(t),\mathsf{A}(t),\mathsf{W}(t)),\eta(t)\big) + K(X(T))\Big] \qquad (0.18)$$

où $\mathcal{U}$ est un ensemble de fonctions (d'utilité). Nous donnons par la suite un algorithme permettant de résoudre le problème (0.12) en introduisant une famille de fonctions Bellman. Enfin nous présentons une application en gestion de production de l'électricité à l'horizon moyen terme (Chapitre 4). Une description succinte permet d'identifier les difficultés numériques liées

- à la prise en compte des marchés de l'énergie (le stock de chaque type de contrat *forward* constitue un nouveau état),
- à l'incorporation des contraintes de risque de marché du type *Conditional Value-at-Risk.*

Ce problème de gestion de la production de l'électricité sous contrainte de risque se formule naturellement sous la forme (0.12). Lors de la résolution numérique, l'approche par des fonctions d'utilité est aussi implémentée avec des fonctions d'utilité de la forme (0.17).

Première partie

Le cas statique

Chapitre 1

Mesures de risque et décision dans l'incertain

Dans ce chapitre, nous allons passer en revue deux grandes approches du risque :
– les mesures de risque ;
– les théories économiques de décision dans l'incertain et le risque.
Dans les deux cas, les incertitudes sont représentées par un ensemble Ω (muni d'une tribu) et on considère des variables aléatoires réelles (fonctions mesurables X de Ω dans $\mathbb{R}$). L'ensemble Ω peut représenter des scénarios d'aléas financiers, climatiques, etc. et une variable aléatoire X peut être une perte, un profit, etc.

Une mesure de risque associe un scalaire $\mathcal{R}(L)$ à une variable aléatoire L. L'axiomatique des mesures de risque monétaires permet d'interpréter $\mathcal{R}(L)$ comme un capital : si L représente une perte et si ce capital lui est ajouté, $\mathcal{R}(L) + L$ devient acceptable. L'axiomatique des mesures de risque cohérentes ajoute des exigences pour satisfaire des propriétés de diversification face au risque.

Les théories économiques de décision dans l'incertain et le risque formalisent essentiellement les choix entre variables aléatoires ou entre loteries (lois de variables aléatoires discrètes), en étudiant différentes axiomatiques sur des relations de préférence et en proposant des représentations numériques de ces dernières.
En contexte de risque (la loi de probabilité de l'aléa est connue), le modèle dominant est le modèle de von Neumann et Morgenstern [72] : la relation de préférence est représentée par l'espérance d'une fonction – dite d'utilité – de variables aléatoires. Cependant la double interprétation de la concavité de la fonction d'utilité – aversion pour le risque et

décroissance de l'utilité marginale en fonction de la richesse – et la linéarité par rapport aux probabilités en constituent une limite. Le modèle de l'utilité espérée dépendante du rang, développé par Quiggin [57] et Yaari [75] permet de s'affranchir de la linéarité par rapport aux probabilités. Dans ce modèle on évalue d'abord l'utilité minimale que l'on est sûr de percevoir et on pondère les accroissements possibles par une fonction de déformation de la loi de probabilité appelée fonction de distorsion. Tous ces modèles sont étudiés dans la Sous-section 1.3.1.

En contexte d'incertitude (sans loi de probabilité), la théorie de l'utilité espérée subjective de Savage [66] reste le modèle de référence. Par son axiomatique, Savage ramène le problème de décision dans l'incertain à un problème de décision dans le risque, ce qui lui permet de représenter les préférences par une utilité espérée. Par la suite, des modèles plus généraux ont été proposés pour mieux rendre compte des comportements observés dans certains problèmes de décision : le modèle de l'utilité espérée "à la Choquet" développé dans des articles différents par Gilboa [33] et Schmeidler [67, 68], le modèle *multi-prior* de Gilboa et Schmeidler [34] et le modèle multi-utilité introduit récemment par Maccheroni dans [46] et développé dans [32]. La Sous-section 1.3.2 donne plus de précisions sur les modèles évoqués ci-dessus.

1.1 Préliminaires

1.1.1 Risque et incertitude

Le choix dans le risque se distingue du choix dans l'incertain. Plusieurs auteurs avec différents concepts ont formalisé cette distinction. Dans [44], Knight distingue ainsi le risque de l'incertitude par le fait que dans la première situation on peut affecter aux états de la nature une distribution de probabilité objective alors que, dans la seconde situation il est impossible de le faire. Pour d'autres, de Finetti et Savage (voir [20] et [66]) par exemple, les distributions de probabilité objectives ne peuvent exister puisqu'elles dépendent des connaissances du décideur. Dans tous ces modèles, la perception des aléas lors de l'évaluation de conséquences (prix d'un actif risqué par exemple) doit guider le choix d'un modèle ou d'un critère de décision.

Les incertitudes sont représentées par un ensemble Ω, muni d'une tribu d'événements $\mathcal{F}$. Si une loi de probabilité objective $\mathbb{P}$ est donnée, on est en situation de *risque*, sinon on est en situation d'*incertitude*. Pour une discussion plus détaillée, on peut consulter les travaux de Knight [,] ou de de Finetti [ ].

Une variable aléatoire réelle est une fonction mesurable de Ω dans $\mathbb{R}$. On note par ψ_X la fonction de répartition de la variable aléatoire X, *i.e.*

$$\psi_X(\eta) := \mathbb{P}\{X \leq \eta\}, \quad \forall \eta \in \mathbb{R}. \tag{1.1}$$

La fonction ψ_X est croissante et continue à droite. Dans la suite, une variable aléatoire L représentera une *perte* ou un *coût*, alors que G désignera un *gain*.

1.1.2 La dominance stochastique

Dominance stochastique à l'ordre 1. Une manière naturelle de comparer deux variables aléatoires est de comparer leur fonction de répartition. Ce critère correspond en économie à la notion de dominance stochastique à l'ordre 1, notée $DS1$.

Définition 1.1 On dit qu'une variable aléatoire X domine stochastiquement une variable aléatoire Y à l'ordre 1 si

$$\forall \eta \in \mathbb{R}, \quad \psi_X(\eta) \leq \psi_Y(\eta).$$

Le critère de la dominance stochastique à l'ordre 1 est un critère très fort puisqu'il nécessite que les fonctions de répartition des variables aléatoires ne se coupent pas. Dans le cas où les fonctions de répartition se coupent (Figure 1.1), on peut utiliser des critères de dominance stochastique à l'ordre k, $k \geq 2$.

Dominance stochastique à l'ordre 2. À partir de la fonction de répartition ψ_X, on définit la fonction ψ_X^2 :

$$\forall \eta \in \mathbb{R}, \quad \psi_X^2(\eta) := \int_{-\infty}^{\eta} \psi_X(u) \mathrm{d}u. \tag{1.2}$$

La fonction ψ_X^2 est continue, convexe, positive et croissante. Elle correspond à l'aire sous la fonction de répartition.

Définition 1.2 Une variable aléatoire X domine stochastiquement à l'ordre 2 une variable aléatoire Y si

$$\forall \eta \in \mathbb{R}, \quad \psi_X^2(\eta) \leq \psi_Y^2(\eta). \tag{1.3}$$

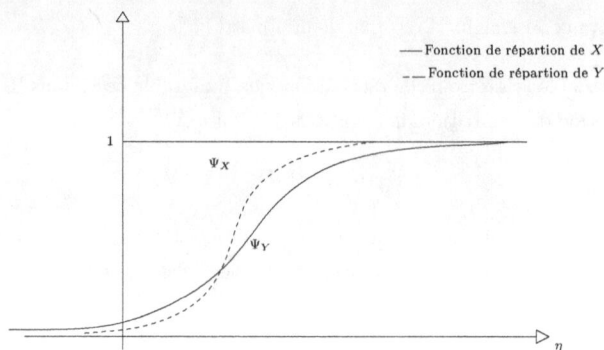

FIG. 1.1 – Dominance stochastique à l'ordre 1 non vérifiée

Si de plus les variables aléatoires X et Y ont la même espérance alors on dit que X est un *étalement à moyenne constante* de Y. Dans ce cas la variance de X est supérieure ou égale à la variance de Y. La Proposition 1.3 donne une caractéristique de deux variables aléatoires à moyennes égales.

Proposition 1.3 *Soient X et Y deux variables aléatoires de même moyenne et Z une variable aléatoire telle que $\mathbb{E}[Z \mid Y] = 0$ presque partout, alors les assertions suivantes sont équivalentes :*

1. *X est un étalement à moyenne constante de Y ;*

2. *X a la même loi de probabilité que la variable aléatoire $(Y + Z)$.*

La caractérisation 2 dit simplement que X est un étalement à moyenne constante de Y lorsque X peut être obtenue en ajoutant à Y un "bruit".

Dominance stochastique à l'ordre k.   Plus généralement, on peut définir les fonctions ψ_X^k, $k \geq 2$ pour des variables aléatoires appartenant à $L^{k-1}(\Omega, \mathcal{F}, \mathbb{P})$ de la manière suivante :

$$\forall \eta \in \mathbb{R}, \quad \psi_X^k(\eta) := \int_{-\infty}^{\eta} \psi_X^{k-1}(u)\mathrm{d}u \,, \tag{1.4}$$

auxquelles on associe la dominance stochastique à l'ordre k.

Définition 1.4 On dit qu'une variable aléatoire $X \in L^{k-1}(\Omega, \mathcal{F}, \mathbb{P})$ domine stochastiquement une variable aléatoire $Y \in L^{k-1}(\Omega, \mathcal{F}, \mathbb{P})$ à l'ordre k si

$$\forall \eta \in \mathbb{R}, \quad \psi_X^k(\eta) \leq \psi_Y^k(\eta). \tag{1.5}$$

Remarquons que la dominance stochastique à un ordre k entraîne la dominance stochastique à tous les ordres supérieurs.

1.1.3 Rappels sur les relations de préférence

Soit E un ensemble quelconque. On appelle *pré-ordre* sur E une relation binaire réflexive et transitive. Un pré-ordre antisymétrique est appelé *relation d'ordre*. Une relation sur E est dite *totale* si tous les élements de E sont comparables. Si la relation n'est pas totale, elle est dite *partielle*. Une *relation de préférence* est un pré-ordre total. On appelle relation d'*équivalence* tout pré-ordre symétrique. Soit $\succcurlyeq$ un pré-ordre sur un ensemble E. À partir de la relation $\succcurlyeq$, on peut définir une relation d'équivalence notée $\equiv$, de la manière suivante :

$$\forall X, Y \in E, \quad X \equiv Y \overset{def}{\Longleftrightarrow} X \succcurlyeq Y \text{ et } Y \succcurlyeq X.$$

Aversion pour le risque

La notion d'aversion au risque permet de caractériser le comportement d'un décideur. Nous distinguons l'aversion faible pour le risque de l'aversion forte.
Dans ce qui suit le scalaire x est identifié à une variable aléatoire constante.

Définition 1.5 Un décideur *Mo* (de relation de préférence $\succcurlyeq_{Mo}$) est dit plus *averse au risque* qu'un décideur *Le* (de relation de préférence $\succcurlyeq_{Le}$) si et seulement si pour toute variable aléatoire X, on a

$$\forall x \in \mathbb{R}, \quad x \succcurlyeq_{Le} X \Rightarrow x \succcurlyeq_{Mo} X. \tag{1.6}$$

L'interprétation est la suivante : si le décideur *Le* préfère un gain certain à un gain aléatoire, alors le décideur *Mo* aussi.

Un décideur est dit *neutre au risque* si sa relation de préférence est donnée par

$$X \succcurlyeq_{RN} Y \iff \mathbb{E}_{\mathbb{P}}[X] \geq \mathbb{E}_{\mathbb{P}}[Y], \tag{1.7}$$

pour toutes variables aléatoires intégrables. On dit alors qu'une relation de préférence $\succcurlyeq$ présente de l'*aversion faible au risque* si

$$X \succcurlyeq_{RN} Y \Rightarrow X \succcurlyeq Y . \tag{1.8}$$

Un décideur faiblement averse au risque est plus averse au risque qu'un décideur neutre au risque. Un décideur a de l'*aversion forte* pour le risque (voir Rothschild et Stiglitz [63]) si

$$\left(X \equiv_{RN} Y \text{ et } Y \succcurlyeq_{DS2} X\right) \Rightarrow X \succcurlyeq Y . \tag{1.9}$$

1.2   Mesures de risque

Les mesures de risque associent à une variable aléatoire réelle un scalaire. Depuis quelques années la littérature dans ce domaine ne cesse de s'enrichir. Nous renvoyons aux travaux de Föllmer et Schied [31] ou de Delbaen et coauteurs [5] pour de plus amples informations à ce sujet.

1.2.1   Quelques mesures de risque usuelles

Nous rappelons ci-dessous quelques mesures de risque classiques.

La variance

La variance est une mesure de dispersion d'une variable aléatoire autour de sa moyenne. Si L est une variable aléatoire de carré intégrable, sa variance est définie par

$$\text{var}\left(L\right) := \mathbb{E}\left[(L - \mathbb{E}[L])^2\right] . \tag{1.10}$$

Elle peut se réécrire sous la forme d'un infimum :

$$\text{var}\left(L\right) = \inf_{\eta \in \mathbb{R}} \mathbb{E}\left[(L - \eta)^2\right] . \tag{1.11}$$

La réécriture de la variance sous la forme (1.11) nous sera utile pour montrer l'équivalence entre un problème d'optimisation stochastique sous une contrainte de risque et un problème "économique" du type maxmin.

La *Value-at-Risk*

On définit la *Value-at-Risk* de la variable aléatoire L pour un niveau $p \in [0,1]$ donné comme étant le plus petit p-quantile de L :

$$VaR_p(L) := \min\left\{\eta \in \mathbb{R} : \psi_L(\eta) \geq p\right\} , \quad \forall p \in [0,1] . \tag{1.12}$$

Ce minimum est atteint car la fonction ψ_L est croissante et continue à droite. Lorsque la fonction ψ_L est continue et strictement croissante, alors $\eta = VaR_p(L)$ est l'unique solution de $\psi_L(\eta) = p$. Autrement, cette dernière équation peut ne pas avoir de solution (lorsqu'il existe une masse atomique de probabilité, comme pour le point p_3 sur la Figure 1.2) ou une infinité de solutions (lorsque la densité de probabilité est nulle pour une plage de valeurs (comme pour le point p_2 sur la Figure 1.2).

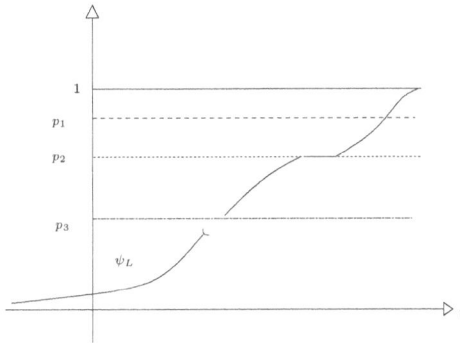

FIG. 1.2 – Fonction de répartition discontinue

À titre d'illustration, dire que la $VaR_{99\%}$ d'un portefeuille vaut 100 signifie que la perte maximale de valeur du portefeuille est inférieure à 100 avec une probabilité de 99%. La *Value-at-Risk* est une mesure de risque répandue. En 1995 les dix premières banques de l'Europe de l'Ouest (Comité de Bâle I) recommandent l'utilisation de la *VaR* pour mesurer le risque financier ; le comité de Bâle II en a fait une norme. La *VaR* est un quantile qui ne prend pas en considération l'ampleur des événements extrêmes. La *Value-at-Risk* est monotone par rapport à la dominance stochastique à l'ordre 1 : pour deux variables aléatoires L_1 et L_2

$$L_1 \succcurlyeq_{DS1} L_2 \Rightarrow VaR_p(L_1) \geq VaR_p(L_2) . \tag{1.13}$$

La *Conditional Value-at-Risk*

La *Conditional Value-at-Risk*, proche de la *VaR*, permet de palier les limites de cette dernière. Dans le cas où L admet une densité, on définit la *CVaR* associée à la variable aléatoire L comme l'espérance de L conditionnellement aux valeurs supérieures à $VaR_p(L)$:

$$CVaR_p(L) := \mathbb{E}[L \mid L \geq VaR_p(L)]. \tag{1.14}$$

Le théorème suivant permet d'écrire la *CVaR* comme la solution d'un problème d'optimisation. En notant $x_+ = \max(x, 0)$, on définit

$$F_p(L, \eta) = \mathbb{E}[\eta + \frac{1}{1-p}(L - \eta)_+], \tag{1.15}$$

pour toute variable aléatoire L. Le théorème suivant est un résultat de [61].

Théorème 1.6 *Pour toute variable aléatoire L intégrable, la fonction $F_p(L, \cdot)$ est convexe, continûment différentiable et on a*

$$CVaR_p(L) = \min_{\eta \in \mathbb{R}} F_p(L, \eta). \tag{1.16}$$

L'ensemble des valeurs de η qui réalisent le minimum,

$$A_p(L) = \operatorname*{argmin}_{\eta \in \mathbb{R}} F_p(L, \eta) \tag{1.17}$$

est non vide, fermé et borné (éventuellement réduit à un singleton). De plus l'extrémité de la frontière à gauche de $A_p(L)$ est atteinte en $VaR_p(L)$.
En particulier on a toujours

$$VaR_p(L) \in \operatorname*{argmin}_{\eta \in \mathbb{R}} F_p(L, \eta) \quad et \quad CVaR_p(L) = F_p(L, VaR_p(L)).$$

Grâce à ce théorème, il est possible de déterminer la *Conditional Value-at-Risk* sans avoir besoin de calculer préalablement la *Value-at-Risk*. La *Conditional Value-at-Risk* est alors solution d'un problème d'optimisation convexe. Ceci nous sera utile pour l'intégrer comme contrainte d'un problème d'optimisation.

Si on considère des gains au lieu de pertes, la *Conditional Value-at-Risk* est plutôt appelée *extreme Earnings-at-Risk* (*eEaR*) :

$$eEaR_p(G) = -CVaR_p(-G) = -\mathbb{E}[G \mid G \leq VaR_{1-p}(G)], \tag{1.18}$$

où $VaR_{1-p}(G)$ est telle que $\mathbb{P}(G \leq VaR_{1-p}(G)) = 1-p$. En se basant sur le Théorème 1.6, on peut exprimer l'*eEaR* de la façon suivante :

$$eEaR_p(-L) = -\inf_{\eta \in \mathbb{R}} \left\{ \eta + \frac{1}{1-p}\mathbb{E}\big[(-L-\eta)_+\big] \right\}. \tag{1.19}$$

La *Conditional Value-at-Risk* est monotone par rapport à la dominance stochastique à l'ordre 2 (*a fortiori* par rapport à la dominance stochastique à l'ordre 1) : pour deux variables aléatoires L_1 et L_2 intégrables

$$L_1 \succcurlyeq_{DS2} L_2 \Rightarrow CVaR_p(L_1) \geq CVaR_p(L_2). \tag{1.20}$$

La classe des *downside-risk measures*

La classe des *downside-risk measures* englobe un certain nombre de mesures de risque. Cette classe de mesures de risque est basée sur une interprétation des moments partiels (introduits dans [8]) et permet de mesurer le risque au delà d'un seuil de référence.

La classe des *downside-risk measures*, notée $R_{\tau,\eta}$ est définie de la manière suivante :

$$R_{\tau,\eta}(L) := \mathbb{E}\big[(\eta - L)_+^\tau\big], \text{ avec } \tau > 0. \tag{1.21}$$

Le scalaire η représente un rendement de référence. Si le paramètre $\tau = 1$, $R_{1,\eta}$ est appelé *expected shortfall* et si $\tau = 2$ on obtient la *downside-variance*. Le cas où $\tau \to +\infty$ correspond au risque associé aux pires scénarios possibles. Et enfin, la VaR_p correspond à la valeur $\hat{\eta}(p)$ telle que $R_{1,\hat{\eta}(p)}(L) = p$.

La *Weighted mean deviation from a quantile*

La *Weighted mean deviation from a quantile* a été introduite par Ogryczak et Ruszczynski dans [52]. À partir de la fonction de répartition ψ_L, on définit la fonction ψ_L^{-1} par

$$\forall p \in]0,1], \quad \psi_L^{-1}(p) := \inf\left\{\eta \in \mathbb{R} : \psi_L(\eta) \geq p\right\}. \tag{1.22}$$

Pour toute variable aléatoire L, on définit également ψ_L^{-2} par

$$\forall p \in]0,1], \quad \psi_L^{-2}(p) := \int_0^p \psi_L^{-1}(\eta)\mathrm{d}\eta. \tag{1.23}$$

Comme illustré sur la Figure 1.3, le graphe de la fonction ψ_L^{-2} est l'arc reliant les points $(0,0)$ et $\big(1, \mathbb{E}[L]\big)$.

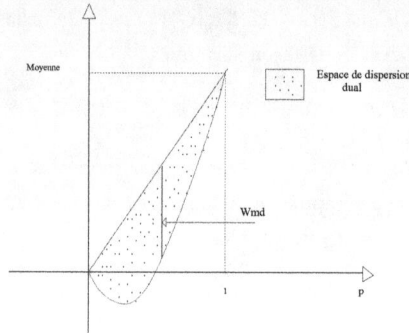

FIG. 1.3 – Graphique de ψ_L^{-2}

On définit la *Weighted mean deviation from a quantile* par :

$$\forall L \in L^1(\Omega, \mathcal{F}, \mathbb{P}), \quad WMd_p(L) = p\mathbb{E}[L] - \psi_L^{-2}(p). \tag{1.24}$$

La *WMd* est une mesure de risque duale basée sur une interprétation graphique de ψ_L^{-2}. Elle correspond au diamètre vertical de l'espace compris entre la droite passant par les points $\big((0,0)\,,\,\big(1,\mathbb{E}[L]\big)\big)$ et le graphe de ψ_L^{-2}, appelé espace de dispersion dual, comme le montre la Figure 1.3.

La *WMd* peut être réécrite de la façon suivante :

$$WMd_p(L) := \min_{\eta \in \mathbb{R}} \mathbb{E}\Big[\max\big(p(L-\eta),(1-p)(\eta-L)\big)\Big]. \tag{1.25}$$

On montre que ce minimum est atteint pour tout p-quantile.

1.2.2 Axiomatique des mesures de risque

On appelle *mesure de risque* toute fonction ρ définie d'un ensemble de variables aléatoires $\mathcal{X}$ définie sur $(\Omega, \mathcal{F})$ à valeurs dans $\mathbb{R} \cup \{-\infty\} \cup \{+\infty\} = \overline{\mathbb{R}}$.

Mesures de risque monétaires

Soit $\mathcal{X}$ un ensemble de variables aléatoires à valeurs réelles tel que :

$$\forall G \in \mathcal{X}, \forall m \in \mathbb{R}, \quad G + m \in \mathcal{X}. \tag{1.26}$$

Définition 1.7 Une mesure de risque $\mathcal{R}$ est dite *monétaire* si elle vérifie les deux propriétés suivantes :

P1. *Monotonicité* : $\forall\, G_1, G_2 \in \mathcal{X}, \ \ G_1 \geq G_2 \Rightarrow \mathcal{R}(G_1) \leq \mathcal{R}(G_2) \ $,

P2. *Équivariance par translation* : $\forall\, m \in \mathbb{R}, \ \ \mathcal{R}(G + m) = \mathcal{R}(G) - m$.

La monotonicité signifie que si un portefeuille rapporte toujours plus qu'un autre alors il est moins risqué. L'équivariance par translation signifie que disposer d'une réserve d'argent diminue d'autant le risque ; en particulier on a $\mathcal{R}(G + \mathcal{R}(G)) = 0$.

Mesures de risque cohérentes

Dans cette partie, nous rappelons les propriétés fondamentales des mesures de risque à travers la notion de *mesure de risque cohérente* introduite par Artzner, Delbaen, Eber et Heath dans [ ].

Pour une mesure de risque $\mathcal{R}$ donnée, considérons les propriétés suivantes :

P3. *Sous-additivité* : $\forall\, G_1, G_2 \in \mathcal{X}, \ \ \mathcal{R}(G_1 + G_2) \leq \mathcal{R}(G_1) + \mathcal{R}(G_2)$,

P4. *Positive homogénéité* : si $k > 0$ et si $G \in \mathcal{X}$ alors $\mathcal{R}(kG) = k\mathcal{R}(G)$.

La propriété de sous-additivité garantit la diminution du risque par diversification du portefeuille ; la propriété de positive homogénéité signifie que le risque est proportionnel à la taille du portefeuille.

Définition 1.8 Une mesure de risque est dite *cohérente* si elle vérifie les propriétés $P1$, $P2$, $P3$ et $P4$.

Remarque 1.9 La *Value-at-Risk*, bien que très largement utilisée en finance, n'est pas une mesure de risque cohérente car elle n'est pas sous-additive ; de même pour la variance. Par contre la *CVaR* est une mesure de risque cohérente.

Théorèmes de représentations des mesures de risque cohérentes

Il existe plusieurs théorèmes de représentations des mesures de risque résultant de l'analyse convexe. On peut citer les représentations proposées par Artzner, Delbaen, Eber et Heath dans [ ], par Föllmer et Schied dans [ ] ou plus récemment par Ruszczynski et Shapiro dans [ ].

Soit $\mathcal{M}$ l'ensemble des fonctions finiment additives $Q : \mathcal{F} \to [0,1]$ normalisées, i.e $Q(\Omega) = 1$. Le Théorème 1.10 est proposé par Föllmer et Schied [31, 30].

Théorème 1.10 *Soit la fonctionnelle* $\mathcal{R} : \mathcal{X} \longrightarrow \mathbb{R}$. *Alors* $\mathcal{R}$ *est une mesure de risque cohérente si et seulement si*

$$\exists\, \mathcal{Q} \subseteq \mathcal{M} \text{ telle que } : \; \mathcal{R}(G) = \sup_{Q \in \mathcal{Q}} \mathbb{E}_Q[G],\; \forall\, G \in \mathcal{X}.$$

Les mesures de risque convexes

Nous intoduisons ici une relaxation de la propriété de cohérence. En effet, dans bien des cas, la propriété d'homogénéité positive n'est pas vérifiée autrement dit le risque ne croît pas de manière linéaire par rapport à la taille du portefeuille.

Définition 1.11 Une mesure de risque $\mathcal{R}$ définie d'un ensemble de variables aléatoires convexe $\mathcal{X}$ à valeur réelle est dite convexe si elle vérifie les propriétés de monotonicité, d'équivariance par translation et la propriété suivante : pour tout $G_1, G_2 \in \mathcal{X}$,

$$\text{Convexité} : \forall\, \eta \in [0,1], \quad \mathcal{R}(\eta G_1 + (1-\eta)G_2) \leq \eta \mathcal{R}(G_1) + (1-\eta)\mathcal{R}(G_2). \quad (1.27)$$

La propriété de convexité dit que la position $\eta G_1 + (1-\eta)G_2$ est moins risquée que les positions ηG_2 et $(1-\eta)G_2$ prises individuellement. Lorsque la mesure de risque $\mathcal{R}$ est normalisée (i.e $\mathcal{R}(0) = 0$) et qu'elle vérifie la propriété d'homogénéité positive alors la propriété de convexité est équivalente à la propriété de sous-additivité.

Théorèmes de représentation des mesures de risque convexes

Des résultats de l'analyse convexe permettent de réécrire les mesures de risque convexes. Le Théorème 1.12 est alors l'analogue du Théorème 1.10.

Théorème 1.12 *Toute mesure de risque convexe* $\mathcal{R}$ *définie de* $\mathcal{X}$ *à valeurs dans* $\mathbb{R}$ *peut s'écrire sous la forme :*

$$\forall\, G \in \mathcal{X}, \quad \mathcal{R}(G) = \sup_{Q \in \mathcal{M}} \left(\mathbb{E}_Q[-G] - \alpha_{\min}(Q) \right). \quad (1.28)$$

La fonction de pénalité $\alpha_{\min}$ est la transformée de Fenchel de la fonction de risque $\mathcal{R}$. Le lecteur intéressé pourra se référer à [64] sur les détails techniques pour la définition de l'espace dual approprié.

1.2.3   Ensembles acceptables

Soit $\mathcal{R} : \mathcal{X} \to \mathbb{R}$ une mesure de risque monétaire. On associe à la fonction $\mathcal{R}$ un ensemble $\mathcal{C}_\mathcal{R}$, appelé *ensemble acceptable*, défini de la manière suivante :

$$\mathcal{C}_\mathcal{R} := \{G \in \mathcal{X} \mid \mathcal{R}(G) \leq 0\} \,. \tag{1.29}$$

L'ensemble $\mathcal{C}_\mathcal{R}$ peut être interprété comme étant l'ensemble des positions ne nécessitant pas de positions supplémentaires pour se couvrir contre le risque[1]. Les propriétés de la fonction $\mathcal{R}$ se traduisent alors naturellement sur l'ensemble acceptable correspondant.

Proposition 1.13 *Supposons que la mesure de risque $\mathcal{R}$ est monétaire. On a alors les propriétés suivantes.*

   – *$\mathcal{C}_\mathcal{R}$ est non vide et vérifie les propriétés :*

$$\inf\{m \in \mathbb{R} \mid m \in \mathcal{C}_\mathcal{R}\} > -\infty \,, \tag{1.30a}$$

$$\forall\, G_1 \in \mathcal{C}_\mathcal{R},\, \forall\, G_2 \in \mathcal{X}, \quad G_2 \geq G_1 \Rightarrow G_2 \in \mathcal{C}_\mathcal{R} \,. \tag{1.30b}$$

   – *À $\mathcal{C}_\mathcal{R}$ donné, on retrouve la mesure de risque $\mathcal{R}$ associée par la relation*

$$\mathcal{R}(G) = \inf\{m \in \mathbb{R} \mid m + G \in \mathcal{C}_\mathcal{R}\} \,. \tag{1.31}$$

   – *$\mathcal{R}$ est convexe si et seulement si l'ensemble acceptable associé $\mathcal{C}_\mathcal{R}$ est convexe.*
   – *$\mathcal{R}$ est une mesure de risque cohérente si et seulement si l'ensemble acceptable associé $\mathcal{C}_\mathcal{R}$ est un cône convexe.*

Démonstration. Les propriétés énoncées en (1.30) sont faciles à montrer. Montrons d'abord la propriété énoncée en (1.31)

$$
\begin{aligned}
\inf\{m \in \mathbb{R} \mid m + G \in \mathcal{C}_\mathcal{R}\} &= \inf\{m \in \mathbb{R} \mid \mathcal{R}(m + G) \leq 0\}, \\
&= \inf\{m \in \mathbb{R} \mid \mathcal{R}(G) \leq m\}, \\
&= \mathcal{R}(G) \,.
\end{aligned}
$$

---

[1] Dans le Théorème 1.12 la fonction de pénalité (qui n'est pas exactement le bidual voir [ ]) s'écrit en fonction de l'ensemble acceptable $\mathcal{C}_\mathcal{R}$ associé à la mesure de risque $\mathcal{R}$:

$$\forall\, Q \in \mathcal{M}, \quad \alpha_{\min}(Q) := \sup_{G \in \mathcal{C}_\mathcal{R}} \mathbb{E}_Q[-G] \,.$$

Nous montrons simplement que si $\mathcal{R}$ est convexe alors il en est de même pour $\mathcal{C}_\mathcal{R}$. L'autre sens se montre de la même manière. Supposons que $\mathcal{R}$ est convexe. Alors on a

$$\forall G_1, G_2 \in \mathcal{X}, \ \forall \eta \in [0,1], \quad \mathcal{R}(\eta G_1 + (1-\eta)G_2) \leq \eta \mathcal{R}(G_1) + (1-\eta)\mathcal{R}(G_2).$$

Supposons que G_1, $G_2 \in \mathcal{C}_\mathcal{R}$. Par définition $\mathcal{R}(G_1) \leq 0$ et $\mathcal{R}(G_2) \leq 0$. D'où $\mathcal{R}(\eta G_1 + (1-\eta)G_2) \leq 0$. Par conséquent $\eta G_1 + (1-\eta)G_2 \in \mathcal{C}_\mathcal{R}$. D'où $\mathcal{C}_\mathcal{R}$ convexe.

Montrons maintenant que $\mathcal{R}$ est positivement homogène si et seulement si $\mathcal{C}_\mathcal{R}$ est un cône. Supposons que $\mathcal{R}$ est positivement homogène. Soit $G \in \mathcal{C}_\mathcal{R}$ et $k > 0$.

$$\mathcal{R}(kG) = k\mathcal{R}(G) \leq 0, \text{ car } G \in \mathcal{C}_\mathcal{R}.$$

D'où $kG \in \mathcal{C}_\mathcal{R}$. On montre que si $\mathcal{C}_\mathcal{R}$ est un cône alors $\mathcal{R}$ est positivement homogène en utilisant la même technique que précédemment. $\square$

De la même manière, en partant d'un ensemble de positions acceptables $\mathcal{C} \subset \mathcal{X}$, on peut définir le risque associé à toute variable aléatoire $G \in \mathcal{X}$ par :

$$\mathcal{R}_\mathcal{C}(G) := \inf\{m \in \mathbb{R} \mid m + G \in \mathcal{C}\}. \tag{1.32}$$

Ainsi, on vérifie assez facilement que $\mathcal{R}_{\mathcal{C}_\mathcal{R}} = \mathcal{R}$.

1.3 Les modèles économiques de décision dans l'incertitude et le risque

Dans cette section nous étudions l'approche économiste qui formule des axiomes portant sur des relations de préférence
- entre *loteries* : le modèle de l'utilité espérée objective et le modèle multi-utilité
- ou entre *variables aléatoires* (à valeurs réelles ou loteries) : le modèle de l'utilité espérée dépendant du rang, le modèle de l'utilité espérée subjective, le modèle de l'utilité espérée à la Choquet et enfin le modèle multi-prior.

L'objectif est de déduire de ces modèles d'éventuelles représentations numériques. Le cadre axiomatique sur lequel repose ces modèles est mis en Annexe A. On appelle représentation numérique d'une relation de préférence $\succcurlyeq$ une fonction $\mathcal{V}$ telle que $a \succcurlyeq b \iff \mathcal{V}(a) \geq \mathcal{V}(b)$.

1.3.1 Décision dans le risque

Dans cette sous-section nous rappelons différents modèles de décision en contexte de risque. On se place ainsi dans une situation où le décideur est supposé disposer de la loi objective de probabilité des aléas.

Le modèle de l'utilité espérée objective

Nous présentons ici le modèle dominant de décision dans le risque : le modèle de l'utilité espérée de von Neumann et Morgenstern. Ce modèle permet de comparer des loteries sur $\mathbb{R}$ par l'évaluation de l'intégrale d'une fonction de préférence appelée *fonction d'utilité*. Le cadre axiomatique sur lequel repose ce modèle est donné en Annexe A.

Définition 1.14 On définit par $\mathcal{P}_d(\mathbb{R})$ l'ensemble des lois de probabilité discrètes sur $\mathbb{R}$. Tout élément de $\mathcal{P}_d(\mathbb{R})$ est dit *loterie* et est noté par $s = (x_1, p_1; \ldots; x_n, p_n)$: les scalaires p_i représentent les poids associés aux conséquences x_i, ici évaluées monétairement (richesse).

(a) Représentation des préférences. Le théorème de représentation des préférences de von Neumann et Morgenstern [72] constitue la base axiomatique des modèles de décision.

Théorème 1.15 *Les assertions suivantes sont équivalentes :*

(i) *$(\mathcal{P}_d(\mathbb{R}), \succcurlyeq)$ satisfait aux conditions de préordre total, de continuité et d'indépendance ;*

(ii) *il existe une fonction d'utilité $U : \mathbb{R} \to \mathbb{R}$ croissante, continue et définie à une transformation affine croissante près[2] telle que*

$$\forall\, s, q \in \mathcal{P}_d(\mathbb{R}) \qquad s \succcurlyeq q \Longleftrightarrow \int_{\mathbb{R}} U \mathrm{d}s \geq \int_{\mathbb{R}} U \mathrm{d}q\,, \qquad (1.33)$$

où $\displaystyle \int_{\mathbb{R}} U \mathrm{d}s = \sum_{i=1}^{n} p_i U(x_i).$

---

[2]C'est-à-dire que toute fonction $u = aU + b$ avec $a > 0$, $b \in \mathbb{R}$ est également admissible.

Autrement dit, si la relation de préférence satisfait aux axiomes cités ci-dessus, la loterie[3] s est préférée à la loterie q si et seulement si l'espérance d'utilité sous s est supérieure à l'espérance d'utilité sous q. Ainsi le comportement d'un décideur qui satisfait aux axiomes de préordre total, de continuité et d'indépendance est entièrement caractérisé par une fonction d'utilité U. Sur un espace de probabilités $(\Omega, \mathcal{F}, \mathbb{P})$, l'espérance d'utilité induit une relation de préférence entre variables aléatoires :

$$G_1 \succcurlyeq G_2 \iff \mathbb{E}_{\mathbb{P}}[U(G_1)] \geq \mathbb{E}_{\mathbb{P}}[U(G_2)] . \qquad (1.34)$$

(b) Lien entre dominance stochastique et utilité espérée. Il existe des liens entre la dominance stochastique et les fonctions d'utilité, voir [45] ou [58]. Soient G_1 et G_2 deux variables aléatoires. On a équivalence entre les deux assertions suivantes.

1. $G_1 \succcurlyeq_{DS1} G_2$.

2. $\mathbb{E}[U(G_1)] \geq \mathbb{E}[U(G_2)]$ pour toute fonction U croissante définie sur $\mathbb{R}$.

La relation d'ordre $\succcurlyeq_{DS2}$ est également liée à la théorie de l'utilité espérée comme l'illustre l'équivalence entre les deux assertions suivantes.

1. $G_1 \succcurlyeq_{DS2} G_2$.

2. $\mathbb{E}[U(G_1)] \geq \mathbb{E}[U(G_2)]$ pour toute fonction U croissante et concave définie sur $\mathbb{R}$.

(c) Double interprétation de la concavité de la fonction d'utilité. Si les valeurs d'une loterie ont une interprétation monétaire, alors la croissance de la fonction d'utilité U s'interprète comme un goût pour la richesse. Si U est concave, ceci reflète deux propriétés :

– l'aversion pour le risque : $\mathbb{E}[G] \succcurlyeq G$ car $\left(U(\mathbb{E}[G]) \geq \mathbb{E}[U(G)]\right)$;

– la décroissance de l'utilité marginale de la richesse : la dérivée de la fonction d'utilité est décroissante.

(d) Avantages et limites de l'utilité espérée objective. Le modèle de l'utilité espérée objective permet une représentation simple de l'attitude du décideur vis-à-vis du risque et des rendements certains à travers une fonction d'utilité. Ce modèle sépare donc les croyances sur les sources d'aléa (loi de probabilité de l'aléa) de l'utilité

---

[3]Le théorème reste vrai si on travaille avec des lois de probabilité continues moyennant un axiome de dominance stochastique à l'ordre 1. On pourra consulter Jensen [10] pour une démonstration de ce résultat.

des rendements. De plus ce modèle présente une propriété fondamentale lorsque les décisions sont prises dans un cadre dynamique à savoir la propriété de *cohérence dynamique*. Dans [,] Hammond montre que toute violation de l'*axiome d'indépendance* conduit à la violation du principe de cohérence dynamique.

La double interprétation de la concavité de la fonction d'utilité constitue une limite de cette approche soulevée pour la première fois par le paradoxe d'Allais dans [ ]. Ce paradoxe montre que, en général, les comportements observés des décideurs sont en contradiction avec l'axiome d'indépendance. Le lecteur intéressé pourra consulter la partie Annexe A pour l'énoncé détaillé de ce paradoxe. Pour palier les limites du modèle de von Neumann et Morgenstern (et décrire ainsi un plus grand nombre de comportements économiques) des extensions de ce modèle ont été proposées, tel que le modèle de l'utilité espérée dépendante du rang (*rank dependent expected utility*).

Le modèle de l'utilité espérée dépendante du rang (RDEU)

La théorie de l'utilité espérée dépendante du rang a été développée pour la première fois par Quiggin dans [ ] sous l'appellation de l'*utilité anticipée*; dans ce modèle on *compare des variables aléatoires*. L'axiome principal du modèle de l'utilité espérée dépendante du rang est l'axiome de la *chose sûre comonotone dans le risque* (voir Annexe A). Cet axiome constitue une relaxation de l'axiome d'indépendance pour remédier à la linéarité des conséquences par rapport aux probabilités (cette dernière étant purement et simplement rejetée par certains, par exemple par Machina dans [ ]).

Représentation des préférences dans le RDEU. Sous l'axiome de la chose sûre comonotone dans le risque et sous un certain nombre d'axiomes essentiellement techniques, les préférences du décideur peuvent être représentées par une fonctionnelle $\mathcal{V}$ définie, pour une variable aléatoire G finie, sous la forme suivante

$$\mathcal{V}(G) = U(g_1) + \varphi\Big(\sum_{i=2}^{n} p_i\Big)\Big[U(g_2) - U(g_1)\Big] + \cdots + \qquad (1.35)$$

$$\varphi\Big(\sum_{i=j+1}^{n} p_i\Big)\Big[U(g_{j+1}) - U(g_j)\Big] + \cdots + \varphi(p_n)\Big[U(g_n) - U(g_{n-1})\Big],$$

avec $G(\Omega) = \{g_1, \ldots, g_n\}$, $g_1 < \cdots < g_n$ et $p_i = \mathbb{P}(G = g_i)$, pour $i = 2, \ldots, n$. La fonction U est une fonction d'utilité de $\mathbb{R}$ dans $\mathbb{R}$ croissante et concave, définie à une transformation affine croissante près ; la fonction φ est une fonction de distorsion[4] et joue le rôle de transformation des probabilités. L'expression de la fonctionnelle $\mathcal{V}$ s'interprète assez facilement. Le décideur rationnel commence par évaluer l'utilité minimale qu'il est sûr de percevoir et pondère les accroissements possibles de son utilité par une déformation $\varphi(v_j)$ de la probabilité $v_j = \sum_{i=j}^{n} p_i$ d'avoir au moins g_j. De manière générale la fonctionnelle $\mathcal{V}$ s'exprime de la façon suivante :

$$\mathcal{V}(G) = -\int_{-\infty}^{+\infty} U(g)\mathrm{d}\varphi\Big(\mathbb{P}(G > g)\Big) = -\int_{-\infty}^{+\infty} U(g)\mathrm{d}\varphi\Big(1 - \psi_G(g)\Big).$$

Le modèle de l'utilité espérée est un cas particulier du modèle de l'utilité espérée dépendante du rang. Il suffit de prendre $\varphi(v) = v$ pour retrouver le modèle de l'utilité espérée. Du point de vue opérationnel, le modèle de l'utilité espérée dépendante du rang a déjà fait l'objet d'études pratiques dans le domaine du risque industriel au sein d'EDF R&D, voir [9].

1.3.2   Décision dans l'incertain

Nous nous plaçons maintenant dans une situation d'incertitude c'est-à-dire que le décideur ne peut pas définir de manière objective une loi de probabilité $\mathbb{P}$ sur Ω. Les axiomatiques peuvent alors porter sur des ensembles de variables aléatoires, de loteries, de variables aléatoires à valeurs loteries (on doit cette approche à Anscombe et Aumann [6]).

Le modèle de l'utilité espérée subjective

Dans le modèle de l'utilité espérée subjective encore appelé modèle de l'utilité espérée de Savage on compare des variables aléatoires. La démarche classique dans cette situation consiste à ramener le problème de décision dans l'incertain à un problème de décision dans le risque. Cette approche est connue sous le nom d'*approche bayésienne* et on la doit à Savage [66].

(a) Représentation des préférences. Si les préférences du décideur vérifient les axiomes de préordre total, de continuité, d'indépendance, de la *chose sûre* et sous des axiomes essentiellement techniques (voir Savage [66] et Fishburn [27, 28]) alors il existe

---

[4]On appelle fonction de distorsion toute fonction f définie de $[0,1]$ dans $[0,1]$ telle que $f(0) = 0$ et $f(1) = 1$.

- une probabilité $\mathbb{P}$, dite subjective, sur $(\Omega, \mathcal{F})$, définie de manière unique,
- une fonction d'utilité U définie à une transformation affine croissante telle que pour toutes variables aléatoires G_1 et G_2

$$G_1 \succcurlyeq G_2 \iff \mathbb{E}_{\mathbb{P}}\big[U(G_1)\big] \geq \mathbb{E}_{\mathbb{P}}\big[U(G_2)\big]. \tag{1.36}$$

(b) Avantages et limites de l'utilité espérée subjective. Le résultat de Savage est fort ; accepter son cadre axiomatique revient à supprimer la distinction entre choix dans le risque et choix dans l'incertain puisque l'on peut attribuer une loi de probabilité à toute situation d'incertitude. Cependant le modèle bayésien de Savage présente des limites. Dans certains cas simples, il ne rend pas bien compte des comportements des décideurs comme le montre le paradoxe proposé par Ellsberg dans [ ], voir Annexe A. Le paradoxe d'Ellsberg soulève une question importante en décision dans l'incertain, à savoir la définition et la caractérisation de l'aversion à l'ambiguïté ou à l'incertitude.

Le modèle de l'utilité espérée à la Choquet

Dans le modèle de l'utilité espérée à la Choquet on compare des variables aléatoires ; ce modèle a été introduit pour rendre compte des comportements observés dans le paradoxe d'Ellsberg. Schmeidler dans [ ] est à l'origine de ce modèle dont la première version date de 1982. L'axiome principal du modèle de l'utilité espérée à la Choquet est l'axiome de la *chose sûre comonotone dans l'incertain*. Cet axiome repose sur la notion de *comonotonie*.

Définition 1.16 Deux variables aléatoires G_1 et G_2 sont dites comonotones si elles vérifient la condition suivante :

$$\forall \omega, \omega' \in \Omega, \ \big(G_1(\omega) - G_1(\omega')\big)\big(G_2(\omega) - G_2(\omega')\big) \geq 0. \tag{1.37}$$

On peut montrer [ ] que si G_1 et G_2 sont comonotones, alors il existe deux fonctions f et h strictement croissantes et une variable aléatoire X de loi uniforme sur $[0, 1]$ telles que $G_1 = f(X)$ et $G_2 = h(X)$. Ceci permet de montrer la propriété d'additivité de la *Value-at-Risk* lorsque les variables aléatoires en jeu sont comonotones : si G_1 et G_2 sont comonotones alors

$$VaR_p(G_1 + G_2) = VaR_p(G_1) + VaR_p(G_2). \tag{1.38}$$

On dit alors que la *Value-at-Risk* est additivement comonotone. Notons que si deux variables aléatoires G_1 et G_2 sont comonotones alors G_1 ne peut couvrir G_2 car si une des deux variables aléatoires rapporte plus dans un état du monde que dans un autre, il en est de même pour l'autre variable aléatoire.

(a) Représentation des préférences. Le théorème de représentation des préférences dans le modèle de l'utilité à la Choquet repose sur la notion de *capacité*.

Définition 1.17 On appelle capacité ν une application de $\mathcal{F}$ dans $[0, 1]$ vérifiant :

1. $\forall A, B \in \mathcal{F}, \quad A \subset B \Rightarrow \nu(A) \leq \nu(B)$;

2. $\nu(\mathcal{F}) = 1$ et $\nu(\emptyset) = 0$.

Une capacité est dite *convexe* si elle vérifie

$$\forall A, B \in \mathcal{F}, \quad \nu(A) + \nu(B) \leq \nu(A \cup B) + \nu(A \cap B). \tag{1.39}$$

Le *noyau* d'une capacité ν, noté $core(\nu)$ est défini par

$$core(\nu) = \big\{ \text{probabilité } \mathbb{P} \text{ sur } (\Omega, \mathcal{F}) \mid \forall A \in \mathcal{F}, \ \mathbb{P}(A) \geq \nu(A) \big\}. \tag{1.40}$$

Lorsque la capacité est convexe, son noyau est non vide. Une mesure de probabilité est un cas particulier d'une capacité. En effet, le noyau d'une mesure de probabilité est la mesure de probabilité elle même. Enfin, le noyau s'interprète comme étant l'ensemble des lois de probabilité compatibles avec l'information non-probabiliste. Intuitivement, le décideur pessimiste choisit parmi les probabilités appartenant au noyau celle dont la croyance ν est égale pour chaque événement au minimum de toutes les probabilités.

Sous les axiomes de préordre total, de continuité, d'indépendance, de la *chose sûre comonotone dans l'incertain* et sous un certain nombre d'axiomes techniques, il existe une capacité ν définie de manière unique sur $(\Omega, \mathcal{F})$ et une fonction d'utilité U unique, définie à une transformation affine croissante près telle que les préférences sont représentées par une fonctionnelle $\mathcal{V}$. La fonctionnelle $\mathcal{V}$ est alors définie par une intégrale particulière, appelée intégrale de Choquet, notée $\int_{Ch}$ et effectuée par rapport à une capacité ν. Dans le cas d'une variable aléatoire finie G, on a

$$\mathcal{V}(G) = \int_{Ch} U(G) \mathrm{d}\nu = \sum_{i=1}^{n} U(g_i) \Big[\nu\big(\cup_{j=i}^{n} A_j \big) - \nu\big(\cup_{j=i+1}^{n} A_j \big) \Big], \tag{1.41}$$

avec $G(\Omega) = \{g_1, \ldots, g_n\}$, $g_1 < \cdots < g_n$ et $A_i = \{G = g_i\}$. Le lecteur intéressé par un énoncé plus détaillé du théorème de représentation de l'utilité à la Choquet pourra consulter [33] ou bien [65, 14].

(b) **Liens entre utilité espérée objective, utilité dépendante du rang et utilité à la Choquet.** Si la capacité ν est additive, on reconnaît l'espérance de l'utilité de la variable aléatoire G puisque l'on a :

$$\nu\left(\cup_{j=i}^{n} A_j\right) - \nu\left(\cup_{j=i+1}^{n} A_j\right) = \nu(A_i). \tag{1.42}$$

Par un calcul simple, la fonctionnelle $\mathcal{V}$ peut être réécrite de la façon suivante :

$$\mathcal{V}(G) = U(g_1) + \sum_{i=1}^{n} \left[U(g_i) - U(g_{i-1})\right] \nu\left(\cup_{j=1}^{n} A_j\right). \tag{1.43}$$

On arrive alors à la même interprétation de la fonctionnelle $\mathcal{V}$ que dans le modèle de l'utilité espérée dépendante du rang (voir 1.3.1). En fait, la fonctionnelle exprimée dans l'utilité espérée dépendante du rang est une intégrale de Choquet où la capacité est donnée par $\nu = \varphi \circ \mathbb{P}$.

Le modèle multi-prior

L'une des extensions récentes de l'utilité espérée que nous abordons est le modèle *multi-prior*, connu aussi sous l'appelation de *modèle du maxmin* proposé par Gilboa et Schmeidler [31]. Dans ce modèle, le décideur caractérise l'incertitude par un ensemble de mesures de probabilité et en choisit le pire des cas envisageables selon ses croyances (*multiple priors*).

(a) **Représentation des préférences.** L'axiomatique du modèle multi-prior repose sur une reformulation du principe d'indépendance certaine et un axiome d'*aversion à l'incertitude* (voir Annexe A). Ce dernier fournit une manière simple de formaliser mathématiquement l'aversion à l'incertitude. Pour deux variables aléatoires G_1 et G_2 il existe ainsi[5]

— une fonction d'utilité $U : \mathbb{R} \to \mathbb{R}$,
— un ensemble de mesures de probabilité $\mathcal{P}$ convexe et fermé[6],

tels que pour toute variable aléatoire G

$$\mathcal{V}(G) = \min_{\mathbb{P} \in \mathcal{P}} \int U(G)\mathrm{d}\mathbb{P}. \tag{1.44}$$

---

[5]De manière générale, l'axiomatique du modèle multi-prior repose sur des variables aléatoires à valeur loterie.

[6]L'ensemble $\mathcal{P}$ devient unique sous un axiome de non trivialité.

L'interprétation de cette représentation est assez naturelle. Face à une situation d'incertitude le décideur répertorie tous les cas envisageables selon ses croyances à travers un ensemble de mesures de probabilité $\mathcal{P}$. Il évalue alors l'espérance d'utilité de chaque conséquence par rapport à chaque probabilité de l'ensemble $\mathcal{P}$ et en choisit le minimum. Par conséquent, ce modèle ne prend pas en compte le comportement d'un décideur optimiste.

(b) Théorème de représentation par l'intégrale de Choquet.   Le modèle *multiprior* est étroitement lié à l'intégrale de Choquet comme le montre Schmeidler dans [67].

Théorème 1.18 *Soit $L^\infty(\Omega, \mathcal{F}, \mathbb{P})$ l'ensemble des variables aléatoires bornées définies sur l'espace de probabilité $(\Omega, \mathcal{F}, \mathbb{P})$. Supposons que $\mathcal{V} : L^\infty(\Omega, \mathcal{F}, \mathbb{P}) \to \mathbb{R}$ vérifie les propriétés suivantes :*

   1. $\mathcal{V}(\mathbb{I}_\Omega) = 1$;

   2. Si deux variables aléatoires G_1, $G_2 \in L^\infty(\Omega, \mathcal{F}, \mathbb{P})$ sont comonotones alors

$$\mathcal{V}(G_1 + G_2) = \mathcal{V}(G_1) + \mathcal{V}(G_2)\,; \tag{1.45}$$

   3. Si $G_1 \geq G_2$ alors $\mathcal{V}(G_1) \leq \mathcal{V}(G_2)$.

Alors il existe une capacité ν définie par $\nu(A) = \mathcal{V}(\mathbb{I}_A)$, $A \in \mathcal{F}$ telle que

$$\mathcal{V}(G) = \int_{Ch} G \mathrm{d}\nu = -\int_{-\infty}^{0} \left[1 - \nu(G \geq g) \right] \mathrm{d}g + \int_{0}^{+\infty} \nu(G \geq g) \mathrm{d}g\,. \tag{1.46}$$

Le modèle multi-utilité

Gilboa et Schmeidler modélisent le comportement d'un décideur pessimiste dans l'incertain ; de manière analogue, Maccheroni dans [46] a formalisé le comportement d'un décideur pessimiste dans le risque.

Représentation des préférences.   Dans ce modèle on *compare des loteries* définies sur $\mathbb{R}$. Supposons qu'il existe $g^\star \in \mathbb{R}$ déterministe tel que $\delta_{g^\star} \succcurlyeq s$ pour toute loterie s. Sous les axiomes de transitivité, de continuité, de convexité et de *best outcome independence*[7] (voir Annexe A), on a

$$\forall s, q \in \mathcal{P}_d(\mathbb{R}), \quad s \succcurlyeq q \iff \min_{U \in \mathcal{U}} \int U \mathrm{d}s \geq \min_{U \in \mathcal{U}} \int U \mathrm{d}q\,, \tag{1.47}$$

---

[7]L'axiome de *best outcome independence* est spécifique à l'approche de Maccheroni.

où $\mathcal{U}$ est un ensemble convexe et fermé de fonctions d'utilité. Le décideur a alors une incertitude sur ses préférences modélisée par l'ensemble $\mathcal{U}$ et non sur la loi de probabilité des aléas[8]. L'axiome de convexité est bien connu et signifie simplement que si les loteries s et q sont préférées à une autre loterie λ, alors nécessairement un p mixage de s et q sera préféré à λ. L'axiome de *best outcome independence*, moins connu, exprime le fait que le choix d'un décideur peut s'opérer indépendamment de la meilleur conséquence certaine. Cet axiome est détaillé en Annexe A.

La *cumulative prospect theory*

La *cumulative prospect theory* a été introduite par Kahneman et Tversky dans [11, 12]. Supposons que la variable aléatoire G prend un nombre fini de valeurs (qui peuvent être positives ou négatives)

$$g_{-m} < g_{-m-1} < \cdots < g_{-1} < g_0 = 0 < g_1 < \cdots < g_{m-1} < g_m \,, \qquad (1.48)$$

avec des probabilités respectives

$$p_{-m}, p_{-m-1}, \ldots, p_{-1}, p_0, p_1, \ldots, p_{m-1}, p_m \,. \qquad (1.49)$$

Dans le cadre de la *cumulative prospect theory*, la variable aléatoire G est évaluée de la manière suivante :

$$\mathcal{V}(G) := \mathcal{V}(G_+) + \mathcal{V}(G_-) \quad \text{avec} \quad \begin{cases} \mathcal{V}(G_+) = \displaystyle\sum_{i=0}^{m} \pi_i^+ U(g_i) \\ \mathcal{V}(G_-) = \displaystyle\sum_{i=-m}^{0} \pi_i^- U(g_i) \,, \end{cases} \qquad (1.50)$$

où U est une fonction croissante telle que $U(0) = 0$. Les poids π_i^+ et π_i^- sont des fonctions croissantes à valeurs réelles de la forme[9]

---

[8]Cette formulation est, dans un sens, duale à la formulation du type $\inf_{\mathbb{P} \in \mathcal{P}} \int U(w) \, d\mathbb{P}(w)$, où $\mathcal{P}$ représente un ensemble convexe de mesures de probabilité (voir [34]).

[9]Lorsque g_0 est différent de 0, l'expression (1.50) reste valable à condition d'évaluer la variable aléatoire $G - g_0$.

$$
\begin{cases}
\pi_m^+ = w^+(p_m)\,, \\[2mm]
\pi_i^+ = w^+(p_i + \cdots + p_m) - w^+(p_{i+1} + \cdots + p_m),\ i = 0, \ldots, m-1\,, \\[2mm]
\pi_m^- = w^-(p_{-m})\,, \\[2mm]
\pi_i^- = w^-(p_{-m} + \cdots + p_i) + w^-(p_{-m} + \cdots + p_{i-1}),\ i = -m, \ldots, 0\,,
\end{cases}
\tag{1.51}
$$

telles que $w^+(0) = w^-(0) = 0$ et $w^+(1) = w^-(1) = 1$.

Illustration numérique. Pour évaluer (1.50) Kahneman et Tversky proposent dans [42] une classe de fonctions d'utilité de la forme

$$
U(g) := \begin{cases}
g^\alpha & \text{si } g \geq 0 \\[2mm]
-\theta(-g)^\beta & \text{si } g < 0\,.
\end{cases}
\tag{1.52}
$$

Pour des fonctions particulières w^+ et w^-, des expériences empiriques ont permis de déterminer des valeurs numériques des paramètres α, β et θ :

$$
\alpha = \beta = 0.88 \text{ et } \theta = 2.25\,.
\tag{1.53}
$$

Le paramètre θ apparaît comme une mesure d'*aversion aux pertes* du décideur. Ainsi dire que $\theta = 2$ signifie que le décideur est deux fois plus sensible aux pertes qu'aux gains.

On trouve, dans la littérature, des valeurs empiriques pour le paramètre d'aversion aux pertes, avec différentes définitions, dans divers domaines d'applications. Dans le Tableau 1.1 nous donnons des valeurs empiriques de l'aversion aux pertes lorsque l'utilité a une interprétation monétaire.

1.4 Mesures de l'aversion au risque

Dans cette section, nous revenons aux notions d'aversion au risque vues dans la section 1.1 pour leur associer des valeurs réelles dans le cadre de l'utilité espérée.

1.4.1 Équivalent certain

On considère une relation de préférence $\succeq$ sur un ensemble de variables aléatoires. Dans toute la suite on désigne par g la variable aléatoire constante de valeur $g \in \mathbb{R}$.

estimation de θ	Références
4.8	Fishburn et Kochenberger [29]
2.25	Kahneman et Tversky [42]
1.43	Schmidt et Traub [69]
1.81	Pennings and Smidts [63]

TAB. 1.1 – Estimation numérique de l'aversion aux pertes

On dit que la variable aléatoire G admet un *équivalent certain* s'il existe $g \in \mathbb{R}$ tel que $G \equiv g$. On dit que la relation de préférence $\succcurlyeq$ est compatible avec la relation d'ordre $\geq$ sur $\mathbb{R}$ si

$$g_1 \geq g_2 \Rightarrow g_1 \succcurlyeq g_2 \,. \tag{1.54}$$

Dans ce cas, l'équivalent certain s'il existe, est noté $C_e(G)$ et est nécessairement unique.

1.4.2 Prime de risque

Une manière de quantifier l'aversion au risque d'un décideur est de calculer une *prime de risque* :

$$\pi(G, \mathbb{P}) := \mathbb{E}_{\mathbb{P}}[G] - C_e(G) \,. \tag{1.55}$$

La prime de risque peut être interprétée comme étant le gain supplémentaire exigé d'un investissement sur l'actif risqué G. Ainsi, si l'investisseur est averse au risque alors sa prime de risque est strictement positive.

On va maintenant traduire l'aversion au risque dans le cadre de la théorie de l'utilité espérée.

1.4.3 Cas de l'utilité espérée

Nous ne faisons pas la distinction entre l'aversion faible introduite par Pratt dans [56] et l'aversion forte due à Rothschild et Stiglitz [68] car ces deux notions sont confondues dans le modèle de l'utilité espérée. On pourra consulter [17] pour de plus amples informations à ce sujet.

Supposons qu'il existe une fonction d'utilité $U : \mathbb{R} \longrightarrow \mathbb{R}$ telle que pour deux variables aléatoires G_1 et G_2,

$$G_1 \succcurlyeq G_2 \iff \mathbb{E}\big[U(G_1)\big] \geq \mathbb{E}\big[U(G_2)\big]. \tag{1.56}$$

Autrement dit, la variable aléatoire G_1 est préférée à la variable aléatoire G_2 si et seulement si l'espérance d'utilité de G_1 est supérieure à l'espérance d'utilité de G_2. Le cadre théorique permettant d'introduire la notion de l'utilité espérée a été étudié dans la sous-section 1.3.1. L'équivalent certain de la variable aléatoire G est le scalaire $g_c \in \mathbb{R}$ tel que

$$U(g_c) = \mathbb{E}\big[U(G)\big]. \tag{1.57}$$

Dans le cas où la fonction d'utilité U est inversible, l'équivalent certain peut être explicité par

$$g_c = U^{-1}\Big(\mathbb{E}_{\mathbb{P}}\big[U(G)\big]\Big). \tag{1.58}$$

Prime de risque et indice d'Arrow-Pratt. Une manière de quantifier l'aversion au risque d'un décideur est de calculer l'*indice d'Arrow-Pratt*. Soit U une fonction d'utilité strictement croissante définie de $\mathbb{R}$ dans $\mathbb{R}$. Supposons que U est de classe C^2. On définit l'*aversion absolue locale* au risque par la relation

$$\forall g \in \mathbb{R}, \quad r_U(g) = -\frac{U''(g)}{U'(g)}. \tag{1.59}$$

r_U est appelé *indice d'Arrow-Pratt* (voir Pratt [56]). Cet indice quantifie l'aversion au risque. En fait cet indice est une mesure de la concavité de la fonction d'utilité construit de sorte qu'il soit invariant par transformation affine croissante. L'idée de base est que les fonctions d'utilité sont définies à une transformation affine croissante près (l'argmax ne change pas par transformation affine croissante). Remarquons aussi que connaissant r_U on peut déterminer la fonction d'utilité correspondante U en résolvant l'équation différentielle du second ordre donnée par l'égalité (1.59). On a ainsi

$$\forall g \in \mathbb{R}, \quad U(g) = \int_0^g e^{-\int_0^u r_U(v)\mathrm{d}v}\mathrm{d}u. \tag{1.60}$$

Par définition, la prime de risque dépend de la loterie $\mathbb{P}$ alors que l'indice d'Arrow-Pratt est indépendant de cette dernière. Mais ces deux notions sont fortement liées et peuvent être utilisées de manière équivalente selon le contexte grâce à la Proposition 1.19.

Proposition 1.19 *Supposons que U^{Le} et U^{Mo} sont des fonctions d'utilité strictement croissantes de $\mathbb{R}$ dans $\mathbb{R}$. Les assertions suivantes sont équivalentes :*

1. *Mo est plus averse au risque que Le,*

2. *$\exists\, \varphi$ concave tel que $U^{Mo} = \varphi \circ U^{Le}$,*

3. *$r_{U^{Mo}} \geq r_{U^{Le}}$, i.e. $r_{U^{Mo}}(g) \geq r_{U^{Le}}(g) \quad \forall g \in \mathbb{R}$,*

4. *$\pi_{U^{Mo}}(G, \mathbb{P}) \geq \pi_{U^{Le}}(G, \mathbb{P})$, pour toute variable aléatoire G et pour toute probabilité $\mathbb{P}$.*

La Proposition 1.19 est énoncée pour des fonctions d'utilité qui ne dépendent que de la richesse et qui présentent une certaine régularité. Toujours dans le cas différentiable, l'indice d'Arrow-Pratt a été étendu par Nau dans [ ] pour des fonctions d'utilité à deux arguments.

Chapitre 2

Formulation économique d'un problème d'optimisation sous contrainte de risque

Dans ce chapitre, nous allons tenter de rapprocher deux points de vue sur la prise en compte du risque dans un problème de maximisation d'un critère aléatoire. Nous qualifierons de formulation "ingénieur" l'approche qui consiste à maximiser ce critère en espérance sous contrainte qu'une mesure de risque soit majorée. La formulation "économiste" ne fait pas appel à des contraintes, mais vise à maximiser l'espérance d'une fonction d'utilité de ce critère. C'est cette fonction d'utilité qui incorpore l'aversion au risque. Nous qualifierons également de formulation "économiste" les extensions de l'utilité espérée comme vues au Chapitre 1.

2.1 Démarche générale proposée

Pour pouvoir réécrire un problème d'optimisation stochastique sous contrainte de risque à l'aide de fonctions d'utilité nous proposons :

1. d'utiliser la théorie de la dualité pour faire entrer, à l'aide d'un multiplicateur, la contrainte comme une partie de la fonction objectif (on obtient ainsi le Lagrangien du problème),

2. de réinterpréter ce Lagrangien comme une extension de la théorie de l'utilité espérée du type maxmin sur un ensemble de fonctions d'utilité.

Nous essayons ensuite de donner une signification économique aux fonctions d'utilité ainsi mises en évidence. Plus précisément, notre objectif consiste à :

1. identifier la classe des fonctions d'utilité à laquelle appartiennent les fonctions trouvées selon la contrainte de risque du problème initial,

2. trouver un indice économique d'aversion au risque que l'on va associer à la contrainte de risque initiale.

2.2 La classe des mesures de risque de l'infimum espéré

Nous introduisons dans cette section une classe de mesures de risque adaptée à notre problème. Cette classe englobe les mesures de risque usuelles et nous permettra de faire le lien entre l'approche "ingénieur" et l'approche "économiste".

Soit $(\Omega, \mathcal{F}, \mathbb{P})$ un espace de probabilité. On se place ainsi dans une situation *risquée* (ou d'*incertain probabilisé*). L'espérance d'une variable aléatoire définie sur $(\Omega, \mathcal{F}, \mathbb{P})$ sera notée $\mathbb{E}$.

2.2.1 Définition et exemples

On considère une fonction $\rho : \mathbb{R} \times \mathbb{R} \to \mathbb{R}$. Soit $L_\rho(\Omega, \mathcal{F}, \mathbb{P})$ un ensemble de variables aléatoires L définies sur $(\Omega, \mathcal{F}, \mathbb{P})$ tel que la fonction $\rho(L, \eta)$ soit intégrable pour tout $\eta \in \mathbb{R}$ et que l'expression suivante $\mathcal{R}_\rho(L)$ soit finie (*i. e.* $\mathcal{R}_\rho(L) > -\infty$) :

$$\mathcal{R}_\rho(L) := \inf_{\eta \in \mathbb{R}} \mathbb{E}\big[\rho\big(L, \eta\big)\big] . \tag{2.1}$$

Pour pouvoir ensuite faire le lien entre l'approche "ingénieur" et l'approche "économiste" nous introduisons les hypothèses suivantes :

H1. la fonction $\eta \mapsto \rho(x, \eta)$ est convexe,

H2. pour tout $L \in L_\rho(\Omega, \mathcal{F}, \mathbb{P})$, la fonction $\eta \mapsto \mathbb{E}\big[\rho(L, \eta)\big]$ est continue[1] et tend vers $+\infty$ quand $\eta \to +\infty$.

---

[1] Une hypothèse de continuité et de majoration de type convergence dominée de la fonction $(x, \eta) \mapsto \rho(x, \eta)$ serait plus faible. Mais cela n'est pas notre préoccupation ici.

Dans les problèmes d'optimisation stochastique que nous étudions, les contraintes de risque sont de la forme $\mathcal{R}_\rho(L) \leq \gamma$, où L désigne un coût[2] et γ est un niveau de contrainte fixé.

Plusieurs mesures de risque bien connues dans la littérature s'expriment sous la forme (2.1).

La variance.

La variance peut se réécrire de la façon suivante :

$$\text{var}\left[L\right] = \inf_{\eta \in \mathbb{R}} \mathbb{E}\left[\left(L - \eta\right)^2\right]. \tag{2.2}$$

La fonction

$$\rho_{\text{var}}(x, \eta) := (x - \eta)^2 \tag{2.3}$$

est convexe par rapport à η (donc H1. est vérifiée). En posant $L_\rho(\Omega, \mathcal{F}, \mathbb{P}) = L^2(\Omega, \mathcal{F}, \mathbb{P})$, l'hypothèse H2. est satisfaite.

La *Conditional Value-at-Risk*.

La CVaR a été introduite comme mesure de risque dans [61]. Dans le cas continu, on définit la *CVaR* associée à une variable aléatoire L intégrable comme l'espérance de L conditionnellement aux valeurs supérieures à la *Value-at-Risk* $VaR_p(L)$. Elle peut être explicitée par la formule (pour tout $0 < p < 1$) :

$$CVaR_p(X) = \inf_{\eta \in \mathbb{R}} \left(\eta + \frac{1}{1-p} \mathbb{E}\left[\max\{0, X - \eta\} \right] \right). \tag{2.4}$$

La fonction

$$\rho_{CVaR}(x, \eta) := \eta + \frac{1}{1-p} \max\{0, x - \eta\} \tag{2.5}$$

est convexe par rapport à η. L'hypothèse H2. est alors satisfaite en posant $L_\rho(\Omega, \mathcal{F}, \mathbb{P}) = L^1(\Omega, \mathcal{F}, \mathbb{P})$.

---

[2]Pour les mesures de sécurité, les contraintes associées à un gain G sont de la forme $\mathcal{S}_\rho(G) \geq \kappa$. Le passage d'une mesure de risque à une mesure de sécurité est donné par

$$\mathcal{S}_\rho(G) = -\mathcal{R}_\rho(-G) = \sup_{\eta \in \mathbb{R}} \mathbb{E}\left[-\rho\left(-G, \eta \right) \right].$$

La *Weighted mean deviation from a quantile.*

Nous rappelons que la *Weighted Mean Deviation from a quantile* WMd correspond au diamètre vertical de l'espace compris entre la droite passant par les points
$\big((0,0)\,,\,(1,\mathbb{E}[L])\big)$ et le graphe de ψ_L^{-2}. Dans [51], les auteurs montrent que

$$WMd_p(L) = \inf_{\eta \in \mathbb{R}} \mathbb{E}\Big[\max\big\{p(L-\eta),(1-p)(\eta-L)\big\}\Big]. \tag{2.6}$$

La fonction

$$\rho_{WMd}(x,\eta) := \max\big\{p(x-\eta),(1-p)(\eta-x)\big\}, \tag{2.7}$$

est continue et convexe par rapport à η.

L'*Optimized Certainty Equivalent.*

L'*Optimized Certainty Equivalent* a été introduit par Ben-Tal et Teboulle dans
[10, 11]. Ce concept est basé sur la notion économique d'équivalent certain. Soit $U :$
$\mathbb{R} \to [-\infty,+\infty[$ une fonction d'utilité concave et croissante[3]. L'*Optimized Certainty
Equivalent* $\mathcal{S}_\rho$ d'un gain aléatoire G est

$$\mathcal{S}_\rho(G) := \sup_{\nu \in \mathbb{R}} \big(\nu + \mathbb{E}[U(G-\nu)]\big). \tag{2.8}$$

La mesure de risque qui lui est associée est

$$\mathcal{R}_\rho(L) := -\mathcal{S}_\rho(-L) = \inf_{\eta \in \mathbb{R}} \big(\eta - \mathbb{E}[U(\eta-L)]\big) \tag{2.9}$$

où $\rho_U(x,\eta) := \eta - U(\eta-x)$ satisfait les hypothèses H1. et H2. dès que la fonction U
vérifie les propriétés de continuité et de monotonie.

Tableau récapitulatif

Nous donnons dans le Tableau 2.2.1 un résumé des fonctions ρ qui sont apparues
dans la réécriture des mesures de risque usuelles sous la forme de mesures de risque de
l'infimum espéré.

---

[3]Les hypothèses complémentaires suivantes sont requises : le domaine de la fonction U est non vide
$\mathrm{dom}\,U = \{x \in \mathbb{R} \mid U(x) > -\infty\} \neq \emptyset$; la fonction U vérifie aussi $U(0) = 0$ et $1 \in \partial U(0)$, où ∂U désigne
le sous-différentiel de la fonction U.

Mesure de risque $\mathcal{R}_\rho$	$\rho(x, \eta)$
Variance	$(x - \eta)^2$
Conditional Value-at-Risk	$\eta + \frac{1}{1-p}(x - \eta)_+$
Weighted Mean Deviation	$\max\left\{ p(x - \eta), (1 - p)(\eta - x) \right\}$
Optimized Certainty Equivalent	$\eta - U(\eta - x)$

TAB. 2.1 – Exemples de fonctions pour la réécriture des mesures de risque usuelles sous la forme de l'infimum espéré

2.2.2 Liens entre les mesures de risque cohérentes et la classe de l'infimum espéré

Pour la classe des mesures de risque $\mathcal{R}_\rho$ exprimée par l'équation (2.1), nous donnons les conditions suffisantes sur la fonction ρ pour que la mesure de risque associée soit cohérente.

Proposition 2.1 *Supposons que l'ensemble $L_\rho(\Omega, \mathcal{F}, \mathbb{P})$ est un espace vectoriel contenant les variables aléatoires à valeurs constantes. On a alors les propriétés suivantes.*

1. *Si la fonction $x \mapsto \rho(x, \eta)$ est croissante, alors $\mathcal{R}_\rho$ est monotone.*

2. *Si $\rho(x + m, \eta) = \rho(x, \eta'_m) - m$ où $m \mapsto \eta'_m$ est une bijection, alors $\mathcal{R}_\rho$ satisfait la propriété d'invariance par translation.*

3. *Si $\rho(kx, \eta) = k\rho(x, \eta'_k)$ où $k \mapsto \eta'_k$ est une bijection, alors $\mathcal{R}_\rho$ satisfait la positive homogénéité.*

4. *Si la fonction $(x, \eta) \mapsto \rho(x, \eta)$ est conjointement convexe, alors $\mathcal{R}_\rho$ est convexe.*

5. *Si la fonction $(x, \eta) \mapsto \rho(x, \eta)$ est conjointement sous-additive, alors $\mathcal{R}_\rho$ est sous-additive.*

Démonstration. Nous montrons seulement l'assertion 4, l'assertion 5 se montre de la même manière. Les preuves des autres assertions sont immédiates.

Supposons que la fonction $(x, \eta) \mapsto \rho(x, \eta)$ est conjointement convexe. Soit X_1 et X_2 deux variables aléatoires, $(\eta_1, \eta_2) \in \mathbb{R}^2$ et $k \in [0, 1]$. Nous avons

$$\rho(kX_1 + (1 - k)X_2, k\eta_1 + (1 - k)\eta_2) \leq k\rho(X_1, \eta_1) + (1 - k)\rho(X_2, \eta_2).$$

En utilisant la linéarité de l'espérance et la positivité de k, on obtient

$$\inf_{\eta \in \mathbb{R}} \mathbb{E}\big[\rho(kX_1 + (1-k)X_2, \eta)\big] \leq \inf_{(\eta_1, \eta_2) \in \mathbb{R} \times \mathbb{R}} \Big\{ k\mathbb{E}\big[\rho(X_1, \eta_1)\big] + (1-k)\mathbb{E}\big[\rho(X_2, \eta_2)\big] \Big\}.$$

Il s'en suit

$$\mathcal{R}_\rho(kX_1 + (1-k)X_2) \leq k\mathcal{R}_\rho(X_1) + (1-k)\mathcal{R}_\rho(X_2) \,.$$

□

Pour la *Conditional Value-at-Risk*, la propriété 2 de la Proposition 2.1 est vérifiée en posant $\eta'_m = \eta + m$; pour la *Weighted Mean Deviation*, la propriété 3 est vérifiée en posant $\eta'_k = \eta/k$.

2.3   Mesures de risque et fonctions d'utilité

Nous donnons ici le résultat principal de ce chapitre. Ce résultat fait le lien entre les approches "ingénieur" et "économiste" présentées dans le Chapitre 1.
On suppose donné un espace de probabilité $(\Omega, \mathcal{F}, \mathbb{P})$.

2.3.1   Théorème d'équivalence entre un problème d'optimisation stochastique sous une contrainte de risque et un problème du type maxmin

Pour formuler un problème de maximisation sous contrainte de risque, introduisons
- $\mathsf{a} \in \mathbb{A} \subset \mathbb{R}^n$ une variable de décision,
- ξ une variable aléatoire à valeurs dans $\mathbb{R}^p$,
- $J : \mathbb{R}^n \times \mathbb{R}^p \to \mathbb{R}$ une fonction telle que la variable aléatoire $G = J(\mathsf{a}, \xi)$ s'interprète comme un gain,
- $\mathcal{R}_\rho$ une mesure de risque (2.1),
- $\gamma \in \mathbb{R}$ un niveau de contrainte.

L'équivalence entre un problème de maximisation de gain sous contrainte de risque et une formulation avec des fonctions d'utilité s'exprime de la façon suivante.

Théorème 2.2 *Soit ρ une fonction vérifiant les hypothèses H1 et H2. Supposons que $L_\rho(\Omega, \mathcal{F}, \mathbb{P})$ est un espace vectoriel et que, pour tout $\mathsf{a} \in \mathbb{A}$, $J(\mathsf{a}, \xi) \in L_\rho(\Omega, \mathcal{F}, \mathbb{P})$ et que l'infimum dans* (2.1) *est atteint.*

Le problème de maximisation sous contrainte de risque

$$\begin{cases} \sup_{\mathsf{a}\in\mathbb{A}} \mathbb{E}\big[J(\mathsf{a},\xi)\big] \\ \mathcal{R}_\rho\big(-J(\mathsf{a},\xi)\big) = \inf_{\eta\in\mathbb{R}} \mathbb{E}\big[\rho\big(-J(\mathsf{a},\xi),\eta\big)\big] \le \gamma, \end{cases} \qquad (2.10)$$

est équivalent au problème de maxmin

$$\sup_{(\mathsf{a},\eta)\in\mathbb{A}\times\mathbb{R}} \inf_{U\in\mathcal{U}} \mathbb{E}\big[U\big(J(\mathsf{a},\xi),\eta\big)\big] \qquad (2.11)$$

où l'ensemble de fonctions (d'utilité) $\mathcal{U}$ est défini par

$$\mathcal{U} := \Big\{ U^{(\lambda)} : \mathbb{R}^2 \to \mathbb{R}, \ \lambda \ge 0 \mid U^{(\lambda)}(x,\eta) = x + \lambda\big(-\rho(-x,\eta)+\gamma\big) \Big\}. \qquad (2.12)$$

La preuve est donnée par étapes.

Formulation équivalente du Lagrangien

Le Lagrangien associé au problème (2.10) s'écrit

$$\mathcal{L}(\mathsf{a},\lambda) := \mathbb{E}\big[J(\mathsf{a},\xi)\big] - \lambda\Big(\mathcal{R}_\rho\big(-J(\mathsf{a},\xi)\big)-\gamma\Big), \qquad (2.13)$$

où $\lambda \in \mathbb{R}_+$ désigne le multiplicateur de Lagrange associé à la contrainte. Un résultat bien connu de la théorie de la dualité (voir par exemple [7]) permet alors d'écrire

$$(2.10) \iff \sup_{\mathsf{a}\in\mathbb{A}} \inf_{\lambda\ge 0} \mathcal{L}(\mathsf{a},\lambda)\,,$$

dans le sens où toute solution de (2.10) est solution de $\sup_{\mathsf{a}\in\mathbb{A}} \inf_{\lambda\ge 0} \mathcal{L}(\mathsf{a},\lambda)$.

En reformulant le Lagrangien on obtient :

$$\begin{aligned} \mathcal{L}(\mathsf{a},\lambda) &= \mathbb{E}\big[J(\mathsf{a},\xi)\big] - \lambda\Big(\inf_{\eta\in\mathbb{R}} \mathbb{E}\big[\rho\big(-J(\mathsf{a},\xi),\eta\big)\big]-\gamma\Big) \text{ par la formulation (2.1)}, \\ &= \mathbb{E}\big[J(\mathsf{a},\xi)\big] - \lambda\Big(-\sup_{\eta\in\mathbb{R}} \mathbb{E}\big[-\rho\big(-J(\mathsf{a},\xi),\eta\big)\big]-\gamma\Big), \\ &= \mathbb{E}\big[J(\mathsf{a},\xi)\big] + \lambda\sup_{\eta\in\mathbb{R}} \mathbb{E}\big[-\rho\big(-J(\mathsf{a},\xi),\eta\big)\big]+\lambda\gamma, \\ &= \sup_{\eta\in\mathbb{R}} \Big(\mathbb{E}\big[J(\mathsf{a},\xi)\big] + \lambda\mathbb{E}\big[-\rho\big(-J(\mathsf{a},\xi),\eta\big)\big]+\lambda\gamma\Big), \\ &\qquad \text{car } \lambda\ge 0 \text{ et } \mathbb{E}\big[J(\mathsf{a},\xi)\big] \text{ ne dépend pas de } \lambda, \\ &= \sup_{\eta\in\mathbb{R}} \mathbb{E}\big[J(\mathsf{a},\xi)-\lambda\rho\big(-J(\mathsf{a},\xi),\eta\big)+\lambda\gamma\big]. \end{aligned}$$

On a alors

$$(2.10) \Leftrightarrow \sup_{\mathbf{a} \in \mathbb{A}} \inf_{\lambda \in \mathbb{R}_+} \sup_{\eta \in \mathbb{R}} \mathbb{E}\Big[J(\mathbf{a}, \xi) - \lambda \rho\big(-J(\mathbf{a}, \xi), \eta \big) + \lambda \gamma \Big]. \qquad (2.14)$$

Maintenant nous montrons que l'on peut échanger l'$\inf_{\lambda \in \mathbb{R}_+}$ et le $\sup_{\eta \in \mathbb{R}}$ dans l'équivalence (2.14).

Inversion de $\inf_{\lambda \in \mathbb{R}_+}$ et $\sup_{\eta \in \mathbb{R}}$

Soit $\mathbf{a} \in \mathbb{A}$ fixé. On définit la fonction $\Psi_{\mathbf{a}} : \mathbb{R}^2 \to \mathbb{R}$ par

$$\Psi_{\mathbf{a}}(\lambda, \eta) := \mathbb{E}\Big[J(\mathbf{a}, \xi) - \lambda \rho\big(-J(\mathbf{a}, \xi), \eta \big) + \lambda \gamma \Big]. \qquad (2.15)$$

Nous pouvons échanger l'$\inf_{\lambda \in \mathbb{R}_+}$ et le $\sup_{\eta \in \mathbb{R}}$ dans (2.14) par les deux lemmes suivants.

Lemme 2.3 *Soit $\mathbf{a} \in \mathbb{A}$ fixé. Si $\gamma < \mathcal{R}_\rho\big(-J(\mathbf{a}, \xi) \big)$, alors on a*

$$\inf_{\lambda \in \mathbb{R}_+} \sup_{\eta \in \mathbb{R}} \Psi_{\mathbf{a}}(\lambda, \eta) = \sup_{\eta \in \mathbb{R}} \inf_{\lambda \in \mathbb{R}_+} \Psi_{\mathbf{a}}(\lambda, \eta) = -\infty.$$

Démonstration.

D'une part, par la formulation (2.1) et en utilisant le fait que $\lambda \geq 0$, nous avons

$$\sup_{\eta \in \mathbb{R}} \Psi_{\mathbf{a}}(\lambda, \eta) = \mathbb{E}\big[J(\mathbf{a}, \xi) \big] - \lambda \big(\mathcal{R}_\rho\big(-J(\mathbf{a}, \xi) \big) - \gamma \big).$$

Comme $\gamma < \mathcal{R}_\rho\big(-J(\mathbf{a}, \xi) \big)$, nous en déduisons que

$$\inf_{\lambda \in \mathbb{R}_+} \sup_{\eta \in \mathbb{R}} \Psi_{\mathbf{a}}(\lambda, \eta) = -\infty.$$

D'autre part, l'inégalité suivante est toujours satisfaite

$$\sup_{\eta \in \mathbb{R}} \inf_{\lambda \in \mathbb{R}_+} \Psi_{\mathbf{a}}(\lambda, \eta) \leq \inf_{\lambda \in \mathbb{R}_+} \sup_{\eta \in \mathbb{R}} \Psi_{\mathbf{a}}(\lambda, \eta).$$

Il s'en suit que

$$\sup_{\eta \in \mathbb{R}} \inf_{\lambda \in \mathbb{R}_+} \Psi_{\mathbf{a}}(\lambda, \eta) = -\infty.$$

$\square$

La preuve du dernier lemme est basée sur le théorème d'existence de point-selle (voir Annexe D, Théorème D.22).

Lemme 2.4 *Si* $\gamma \geq \mathcal{R}_\rho\big(-J(\mathbf{a},\xi)\big)$ *alors la fonction* $\Psi_{\mathbf{a}}$ *définie en* (2.15) *admet un point-selle dans* $\mathbb{R}_+ \times \mathbb{R}$ *et*

$$\sup_{\eta \in \mathbb{R}} \inf_{\lambda \in \mathbb{R}_+} \Psi_{\mathbf{a}}(\lambda, \eta) = \inf_{\lambda \in \mathbb{R}_+} \sup_{\eta \in \mathbb{R}} \Psi_{\mathbf{a}}(\lambda, \eta) \; .$$

Démonstration.

Soit $\eta^\star$ tel que $\mathcal{R}_\rho\big(-J(\mathbf{a},\xi)\big) = \mathbb{E}\big[\rho\big(-J(\mathbf{a},\xi),\eta^\star\big)\big]$. Nous avons supposé que l'infimum défini en (2.1) est atteint pour tout $X = -J(\mathbf{a},\xi)$ quand $\mathbf{a}$ varie dans $\mathbb{A}$. Nous distinguons deux cas.

a. Si $\gamma = \mathcal{R}_\rho\big(-J(\mathbf{a},\xi)\big)$, alors tout couple $(\lambda, \eta^\star)$ est un point-selle car la définition (2.15) donne $\Psi_{\mathbf{a}}(\lambda, \eta^\star) = \mathbb{E}\big[J(\mathbf{a},\xi)\big]$.

b. Supposons maintenant que $\gamma > \mathcal{R}_\rho\big(-J(\mathbf{a},\xi)\big)$, vérifions alors les hypothèses d'existence de point-selle énoncées dans le Théorème D.22.

La fonction $\Psi_{\mathbf{a}}(\lambda, \eta) = \mathbb{E}\big[J(\mathbf{a},\xi)\big] - \lambda\mathbb{E}\big[\rho\big(-J(\mathbf{a},\xi),\eta\big) - \gamma\big]$ est
  - linéaire par rapport à λ donc convexe ;
  - concave par rapport à η (la fonction : $\eta \mapsto -\rho\big(-J(\mathbf{a},\xi),\eta\big)$ est concave, $\lambda \geq 0$ et l'opérateur d'espérance conserve la concavité).

Par hypothèse sur la fonction ρ et sur l'ensemble $L_\rho(\Omega,\mathcal{F},\mathbb{P})$, si $J(\mathbf{a},\xi) \in L_\rho(\Omega,\mathcal{F},\mathbb{P})$ alors
  - la fonction : $\eta \mapsto \mathbb{E}\big[\rho\big(-J(\mathbf{a},\xi),\eta\big) - \gamma\big]$ est continue ;
  - $\lim_{\eta \to +\infty} \mathbb{E}\big[\rho\big(-J(\mathbf{a},\xi),\eta\big) - \gamma\big] = +\infty$.

On en déduit alors que la fonction $\Psi_{\mathbf{a}}$ est convexe-concave, s.c.i-s.c.s. et vérifie

$$\Psi_{\mathbf{a}}(\lambda, \eta) \to -\infty, \text{ lorsque } \eta \to +\infty \text{ pour tout } \lambda > 0 \, .$$

Si $\gamma > \mathcal{R}_\rho\big(-J(\mathbf{a},\xi)\big) = \mathbb{E}\big[\rho\big(-J(\mathbf{a},\xi),\eta^\star\big)\big]$, alors nous avons

$$\Psi_{\mathbf{a}}(\lambda, \eta^\star) = \mathbb{E}\big[J(\mathbf{a},\xi)\big] + \lambda\Big(\gamma - \mathcal{R}_\rho\big(-J(\mathbf{a},\xi)\big)\Big) \to +\infty, \text{ quand } \lambda \to +\infty \; .$$

Donc la fonction $\Psi_{\mathbf{a}}$ admet un point-selle dans $\mathbb{R}_+ \times \mathbb{R}$.

$\square$

2.3.2 Discussion économique

Sur les fonctions d'utilité

Nous donnons dans le Tableau 2.2 les fonctions d'utilité correspondant aux mesures de risque usuelles.

Mesures de risque $\mathcal{R}_\rho$	$U^{(\lambda)}(x, \eta),\ \lambda \geq 0$
$\rho(-x, \eta)$	$x - \lambda\rho(-x, \eta) + \lambda\gamma$
Variance	$x - \lambda(x + \eta)^2 + \lambda\gamma$
Conditional Value-at-Risk	$x - \frac{\lambda}{1-p}(-x - \eta)_+ - \lambda\eta + \lambda\gamma$
Weighted Mean Deviation	$x - \lambda \max\big\{-p(x + \eta), (1 - p)(\eta - x)\big\} + \lambda\gamma$
Optimized Certainty Equivalent	$x + \lambda U(\eta + x) + \lambda\eta + \lambda\gamma$

TAB. 2.2 – Mesures de risque usuelles et fonctions d'utilité correspondantes

Le Théorème 2.2 énoncé dans la section précédente établit le lien entre les mesures de risque usuelles et une famille de fonctions d'utilité paramétrées qui dépendent de deux arguments. Le rôle de chacune de ces variables peut être discuté d'un point de vue économique. Nous observons que dans le cas de la variance, les fonctions d'utilité obtenues sont quadratiques. Les caractéristiques de ces fonctions d'utilité sont bien connues (voir [35]), la caractéristique principale étant que ces fonctions d'utilité ont une aversion au risque croissante par rapport au gain. Ceci est contre intuitif car on suppose que plus on est riche moins on est averse au risque. La valeur optimale de η correspond à l'espérance du gain dans le cas de la variance et à la *Value-at-Risk* dans le cas de la *Conditional Value-at-Risk*. Notre formalisme attribue alors un coût (une désutilité) à la variable η lorsque cette dernière n'est pas fixée à sa valeur optimale. Dans le cas de l'*Optimized Certainty Equivalent* la valeur optimale de η donne la meilleure allocation entre la consommation η et l'investissement $x - \eta$.

Les fonctions d'utilité obtenues dans le cas de la contrainte en *Conditional Value-at-Risk*

$$U^{(\lambda)}(x, \eta) = x - \frac{\lambda}{1-p}(-x - \eta)_+ - \lambda\eta + \lambda\gamma \tag{2.16}$$

retiennent particulièrement notre attention. Nous allons

1. choisir une fonction d'utilité de la classe en fixant le paramètre λ

2. puis nous concentrer sur l'argument x (qui est un profit, un gain, etc.) et considérer que η est un paramètre (que nous interprétons plus bas).

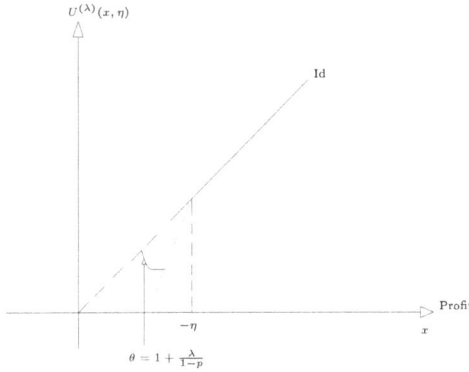

FIG. 2.1 – Contrainte de *CVaR* : fonctions d'utilité optimales pour différentes valeurs de λ

Par rapport à l'argument x, nous interprétons le rapport des pentes de la fonction (2.16)

$$\theta := 1 + \frac{\lambda}{1-p} \qquad (2.17)$$

comme un paramètre d'*aversion aux pertes* à la Kahneman et Tversky [ ].

La fonction d'utilité obtenue nous inspire une nouvelle fonction d'utilité

$$U(x) = x + \eta + (1-\theta)(-x-\eta)_+, \ \forall \, x \in \mathbb{R}, \qquad (2.18)$$

illustrée par la Figure 2.1.

Cette fonction traduit le fait qu'une unité monétaire en plus de l'*ancrage* $-\eta$ procure une unité d'utilité, alors qu'une unité en moins conduit à une perte d'utilité de θ.

Maxmin "à la Maccheroni"

La formulation (2.11) est liée à la formulation du type "maxmin" axiomatisée par Maccheroni dans [ ] et dont nous rappelons ici l'idée principale.

Soit ΔZ un ensemble de loteries (une loterie est une mesure de probabilité discrète) défini sur un ensemble de conséquences Z. Soit $\succeq$ une relation de préférence continue et convexe[4] définie sur ΔZ. L'axiomatique de Maccheroni est la suivante : s'il existe

---

[4]Une relation de préférence $\succeq$ définie sur ΔZ est dite

un *best outcome*[5] et si les choix sont opérés indépendamment du *best outcome* alors il existe un ensemble de fonctions d'utilité convexe et fermé $\mathcal{U}$ défini sur Z tel que pour toutes loteries s et q appartenant à ΔZ

$$s \succcurlyeq q \Leftrightarrow \min_{U \in \mathcal{U}} \int U \mathrm{d}s \geq \min_{U \in \mathcal{U}} \int U \mathrm{d}q \ .$$

Autrement dit, face à une situation d'incertitude, un décideur pessimiste répertorie tous les cas envisageables à travers un ensemble de fonctions d'utilité. Il évalue alors les espérances d'utilité sur cet ensemble et en choisit la pire.

Prime monétaire associée à une contrainte de risque

Sans contrainte de risque, le décideur résout

$$\sup_{\mathbf{a} \in \mathbb{A}} \mathbb{E} \big[J(\mathbf{a}, \xi) \big] \tag{2.19}$$

de solution $\mathbf{a}_\infty^\sharp$, qui donne un gain aléatoire $J(\mathbf{a}_\infty^\sharp, \xi)$. Si on interprète l'absence de contrainte de risque comme une neutralité à l'égard du risque (la fonction d'utilité se réduisant à l'identité), ce décideur évalue ce gain aléatoire $J(\mathbf{a}_\infty^\sharp, \xi)$ par son espérance $\mathbb{E} \big[J(\mathbf{a}_\infty^\sharp, \xi) \big]$.

Avec contrainte de risque, le décideur devient averse au risque puisqu'il évalue un gain aléatoire au moyen des fonctions d'utilité

$$U^{(\lambda)}(x, \eta) = x + \lambda \big(-\rho(-x, \eta) + \gamma \big) \tag{2.20}$$

qui découlent de la mesure de risque retenue, et qui sont concaves en leur premier argument x dès que ρ est convexe en x. À l'optimum $(\mathbf{a}_\gamma^\sharp, \lambda_\gamma^\sharp, \eta_\gamma^\sharp)$ du problème de maximisation sous contrainte de risque au niveau de risque γ, le décideur évalue le gain aléatoire $J(\mathbf{a}_\gamma^\sharp, \xi)$ par son *équivalent certain* $J_c^\sharp(\gamma)$. Ce dernier est défini implicitement par

$$U^{(\lambda_\gamma^\sharp)}(J_c^\sharp(\gamma), \eta_\gamma^\sharp) = \mathbb{E} \left[U^{(\lambda_\gamma^\sharp)}(J(\mathbf{a}_\gamma^\sharp, \xi), \eta_\gamma^\sharp) \right] \ . \tag{2.21}$$

---

1. continue si pour $q \in \Delta Z$, les ensembles $\{s \mid s \succcurlyeq q\}$ et $\{s \mid q \succcurlyeq s\}$ sont fermés.

2. convexe si pour tout $s, q, r \in \Delta Z$ et $\alpha \in [0\,;1]$, si $s \succcurlyeq r$ et $q \succcurlyeq r$ alors $\alpha s + (1-\alpha)q \succcurlyeq r$.

[5]Un *best outcome* pour la relation de préférence $\succcurlyeq$ est un élément $z^\star \in Z$ tel que $\delta_{z^\star}$ soit préférée à toute loterie $s \in \Delta Z$, où δ désigne la masse de Dirac.

En général, comme la fonction d'utilité $U^{(\lambda_\gamma^\sharp)}$ est strictement croissante en son premier argument, l'équation (2.21) définit bien un équivalent certain. Le gain aléatoire $J(\mathsf{a}_\gamma^\sharp, \xi)$ est perçu, subjectivement par le biais de la fonction d'utilité (2.20), de la même manière qu'un gain certain $J_c^\sharp(\gamma)$. La *prime monétaire de contrainte* est alors définie par

$$\pi(\gamma) := \mathbb{E}\left[J(\mathsf{a}_\infty^\sharp, \xi)\right] - J_c^\sharp(\gamma) . \tag{2.22}$$

La prime de contrainte $\pi(\gamma)$ mesure un équivalent monétaire de la perte sur le gain moyen sans contrainte $\mathbb{E}\left[J(\mathsf{a}_\infty^\sharp, \xi)\right]$ consécutive à l'introduction de la contrainte associée à une mesure de risque $\mathcal{R}_\rho$ et à son niveau γ. Cette prime monétaire de contrainte se décompose en deux parties :

$$\pi(\gamma) = \underbrace{\left(\mathbb{E}\left[J(\mathsf{a}_\infty^\sharp, \xi)\right] - \mathbb{E}\left[J(\mathsf{a}_\gamma^\sharp, \xi)\right]\right)}_{\text{perte d'optimalité}} + \underbrace{\left(\mathbb{E}\left[J(\mathsf{a}_\gamma^\sharp, \xi)\right] - J_c^\sharp(\gamma)\right)}_{\text{prime de risque}} \geq 0 . \tag{2.23}$$

La première partie mesure la *perte d'optimalité* consécutive à l'introduction de la contrainte et n'a pas d'interprétation économique particulière. La deuxième partie est la *prime de risque* introduite dans la section 1.4 et est positive[6].

En pratique, la prime monétaire de contrainte peut permettre de mesurer l'impact de la prise en compte d'une contrainte de risque sur le gain moyen sans contrainte. Si on calcule les primes de contrainte associées à différents niveaux de contrainte, cette prime peut être vue comme un indicateur permettant de choisir le bon niveau de contrainte.

Nous avons montré l'équivalence entre le problème (2.10) et un problème économique du type maxmin. Nous montrons maintenant l'existence de point-selle pour ce problème, nécessaire à sa résolution numérique.

2.3.3 Optimisation stochastique sous une contrainte de la classe de l'infimum espéré

On s'intéresse ici à montrer l'existence de solutions du problème "formulation ingénieur" (2.10). Pour cela nous cherchons à montrer que le Lagrangien (2.13) du problème (2.10) admet un point-selle. Les hypothèses suivantes nous seront utiles.

---

[6]La prime de risque est positive car la fonction d'utilité $U^{(\lambda_\gamma^\sharp)}$ est concave par rapport à son premier argument x, alors on a $U^{(\lambda_\gamma^\sharp)}(J_c^\sharp(\gamma), \eta_\gamma^\sharp) = \mathbb{E}\left[U^{(\lambda_\gamma^\sharp)}(J(\mathsf{a}_\gamma^\sharp, \xi), \eta_\gamma^\sharp)\right] \leq U^{(\lambda_\gamma^\sharp)}\left(\mathbb{E}[J(\mathsf{a}_\gamma^\sharp, \xi)], \eta_\gamma^\sharp\right)$ La fonction d'utilité $U^{(\lambda_\gamma^\sharp)}$ est aussi strictement croissante toujours par rapport à son argument x. D'où $J_c^\sharp(\gamma) \leq \mathbb{E}\left[J(\mathsf{a}_\gamma^\sharp, \xi)\right]$.

H3. La fonction $\mathbf{a} \mapsto J(\mathbf{a}, \cdot)$ est semi-continue supérieurement, concave et
$$\lim_{\|\mathbf{a}\| \to +\infty} \mathbb{E}[J(\mathbf{a}, \xi)] = -\infty\,.$$
H4. La fonction $x \mapsto \rho(x, \eta)$ est semi-continue supérieurement et convexe.

Les hypothèses H3. et H4. sont des hypothèses classiques en optimisation convexe.

Lemme 2.5 *En plus des hypothèses H3. et H4., supposons que les hypothèses du Théorème 2.2 sont satisfaites. Alors le Lagrangien du problème (2.10) admet un point-selle dans $\mathbb{A} \times \mathbb{R}_+$.*

Démonstration. Rappelons que le Lagrangien du problème (2.10) s'écrit

$$\mathcal{L}(\mathbf{a}, \lambda) := \sup_{\eta \in \mathbb{R}} \mathbb{E}\Big[J(\mathbf{a}, \xi) - \lambda \rho\big(-J(\mathbf{a}, \xi), \eta\big) + \lambda \gamma\Big]\,.$$

Soit $\eta^\star \in \mathbb{R}$ tel que $\mathcal{R}_\rho(-J(\mathbf{a}, \xi)) = \mathbb{E}[\rho(-J(\mathbf{a}, \xi), \eta^\star)]$, supposé exister d'après les hypothèses du Théorème 2.2. Dans le cas où $\mathcal{R}_\rho(-J(\mathbf{a}, \xi)) > \gamma$ on montre assez facilement que

$$\inf_{\lambda \in \mathbb{R}_+} \sup_{\mathbf{a} \in \mathbb{A}} \mathcal{L}(\mathbf{a}, \lambda) = \sup_{\mathbf{a} \in \mathbb{A}} \inf_{\lambda \in \mathbb{R}_+} \mathcal{L}(\mathbf{a}, \lambda) = -\infty\,. \tag{2.24}$$

Supposons que $\mathcal{R}_\rho(-J(\mathbf{a}, \xi)) \leq \gamma$. Nous distinguons deux cas.

a. Si $\gamma = \mathcal{R}_\rho(-J(\mathbf{a}, \xi))$ alors tout couple $(\mathbf{a}, \lambda) \in \mathbb{A} \times \mathbb{R}_+$ est un point-selle car $\mathcal{L}(\mathbf{a}, \lambda) = \mathbb{E}[J(\mathbf{a}, \xi)]$.

b. Supposons maintenant que $\gamma > \mathcal{R}_\rho(-J(\mathbf{a}, \xi))$. Vérifions alors les conditions d'existence de point-selle énoncées dans le Théorème D.22. La fonction $\mathcal{L}(\mathbf{a}, \lambda)$ est
  – linéaire par rapport à λ donc convexe,
  – concave par rapport à $\mathbf{a}$ car les fonctions $\mathbf{a} \mapsto J(\mathbf{a}, \xi)$ et $x \mapsto -\rho(-x, \eta)$ sont concaves par hypothèse, $\lambda \geq 0$ et l'opérateur d'espérance conserve la concavité.

Par hypothèse sur les fonctions ρ et J,
  – la fonction $\mathbf{a} \mapsto \mathbb{E}\left[J(\mathbf{a}, \xi)\right] - \lambda \Big(\mathbb{E}\left[\rho(-J(\mathbf{a}, \xi), \eta^\star)\right] - \gamma\Big)$ est continue,
  – et on a

$$\begin{aligned} \lim_{\|\mathbf{a}\| \to +\infty} \mathcal{L}(\mathbf{a}, \lambda) &= \lim_{\|\mathbf{a}\| \to +\infty} \mathbb{E}\left[J(\mathbf{a}, \xi)\right] - \underbrace{\lambda \mathbb{E}\left[\rho(-J(\mathbf{a}, \xi), \eta^\star)\right] + \lambda \gamma}_{=K \in \mathbb{R}}\,, \\ &= \lim_{\|\mathbf{a}\| \to +\infty} \mathbb{E}\left[J(\mathbf{a}, \xi)\right] + K = -\infty \text{ par l'hypothèse H3}\,. \end{aligned}$$

On a aussi

$$\mathcal{L}(\mathbf{a}, \lambda) = \mathbb{E}\left[J(\mathbf{a}, \xi)\right] - \lambda \big(\mathbb{E}\left[\rho(-J(\mathbf{a}, \xi), \eta^\star)\right] - \gamma\big) \to +\infty \text{ quand } \lambda \to +\infty\,.$$

Donc L admet un point-selle dans $\mathbb{A} \times \mathbb{R}_+$.

□

Dans la section suivante, nous étudions un problème élémentaire d'optimisation de portefeuille en finance pour lequel nous appliquons les résolutions "ingénieur" et "économiste". L'objectif est de
- donner des valeurs numériques à l'aversion aux pertes introduite précédemment ;
- trouver des fonctions d'utilité relativement faciles à manipuler pour prendre en compte le risque financier.

2.4 Application à un problème élémentaire de finance

On considère un portefeuille contenant deux actifs : un actif sans risque noté ξ^0 et un actif risqué, noté ξ^1 (cet actif est une variable aléatoire normale dont les paramètres sont calés à partir de l'indice boursier du CAC 40, $\xi^1 \sim \mathcal{N}(M, \Sigma^2)$)[7].
La variable de contrôle a représente les proportions investies dans chaque actif : on investit $a \in [0,1]$ dans l'actif sans risque et $1 - a \in [0,1]$ dans l'actif risqué. La valeur du portefeuille est :

$$J(a,\xi) = a\xi^0 + (1-a)\xi^1 . \tag{2.25}$$

La variable aléatoire $J(a,\xi)$ suit une loi normale $\mathcal{N}(\mu(a), \sigma(a)^2)$, avec

$$\mu(a) = a\xi^0 + (1-a)M \text{ et } \sigma(a) = (1-a)\Sigma . \tag{2.26}$$

2.4.1 Optimisation sous contrainte de *Conditional Value-at-Risk*

La *Conditional Value-at-Risk* associée à la variable aléatoire $J(a,\xi) \sim \mathcal{N}(\mu(a), \sigma(a)^2)$ s'exprime de la façon suivante :

$$CVaR_p(-J(a,\xi)) = \sigma(a)CVaR_p(-N) - \mu(a) , \tag{2.27}$$

où N est une variable aléatoire normale centrée réduite. Le problème d'optimisation de portefeuille sous contrainte de *CVaR* est

$$\sup_{a\in[0,1]} \mu(a) \tag{2.28a}$$

---

[7] ξ^0 vaut 1 030 € et correspond à un gain pour un investissement à un taux d'intérêt sans risque de 3%, M=1 144 € et Σ=249.

sous la contrainte de risque

$$\sigma(\mathsf{a})CVaR_p(-N) - \mu(\mathsf{a}) \leq \gamma. \tag{2.28b}$$

Résolvons le problème (2.28) par dualité. Le Lagrangien s'écrit

$$\mathcal{L}(\mathsf{a}, \lambda) := \mu(\mathsf{a}) - \lambda\big(-\mu(\mathsf{a}) + \sigma(\mathsf{a})CVaR_p(-N) - \gamma\big). \tag{2.29}$$

Les conditions d'optimalité du premier ordre permettent de calculer le multiplicateur optimal $\lambda^\sharp$ et la décision optimale $\mathsf{a}^\sharp$:

$$\frac{\partial\mathcal{L}}{\partial\mathsf{a}}(\mathsf{a}, \lambda) = 0 \Rightarrow \lambda^\sharp = \frac{1}{1 + \frac{\Sigma CVaR_p(-N)}{M - \xi^0}}, \quad \frac{\partial\mathcal{L}}{\partial\lambda}(\mathsf{a}, \lambda) = 0 \Rightarrow \mathsf{a}^\sharp = \frac{M + \Sigma CVaR_p(-N) - \gamma}{M - \xi^0 + \Sigma CVaR_p(-N)}.$$

Connaissant la décision optimale $\mathsf{a}^\sharp$, on en déduit la *VaR* optimale :

$$\eta^\sharp = -\mu(\mathsf{a}^\sharp) + \sigma(\mathsf{a}^\sharp)VaR_p(-N).$$

Dans le problème 2.28, le multiplicateur optimal $\lambda^\sharp$ est indépendant du niveau de contrainte γ à cause de la linéarité de ce problème par rapport à la décision a.

2.4.2 *Conditional Value-at-Risk* et aversion aux pertes.

En utilisant la réécriture de la contrainte de risque sous la forme de l'infimum espéré, le Théorème 2.2 montre l'équivalence entre le problème (2.28) et le problème économique $\sup_{\mathsf{a}\in[0,1],\eta\in\mathbb{R}} \inf_{\lambda\in\mathbb{R}^+} \mathbb{E}\Big[U^{(\lambda)}(J(\mathsf{a}, \xi), \eta)\Big]$ où les fonctions d'utilité $U^{(\lambda)}$ sont définies par

$$U^{(\lambda)}(x, \eta) = x - \frac{\lambda}{1 - p}(-x - \eta)_+ - \lambda\eta + \lambda\gamma.$$

Par rapport à la variable x, les fonctions d'utilité associées à la contrainte de *CVaR* sont linéaires par morceaux et présentent un point de discontinuité au point η, comme le montre la Figure 2.1. Nous avons interprété le rapport de pentes $\theta = 1 + \frac{\lambda}{1-p}$ comme un paramètre d'*aversion aux pertes*.

Dans la littérature économique, on trouve des valeurs empiriques du paramètre d'aversion aux pertes, comme mentionné au Chapitre 1, sous-section 1.3.2 (voir Kahneman et Tversky [42], Abdellaoui, Bleichrodt et Paraschiv [1]).

À un niveau de contrainte γ donné, nous calculons la décision optimale $\mathsf{a}^\sharp$, la *Value-at-Risk* $\eta^\sharp$ du profit optimal et le multiplicateur optimal $\lambda^\sharp$. Puis on en déduit l'aversion aux pertes correspondante θ, voir les Tableaux 2.3 et 2.4 .

p=0.95			
niv. cont.	decision opt.	*VaR* opt.	avers. aux pertes
γ	$\mathbf{a}^{\sharp}$	$\eta^{\sharp}$	θ
-630 €	0	-735	6.6
-772.5 €	0.36	-839.5	6.6
-978.5 €	0.87	-991.9	6.6
-1030 €	1	-1030	6.6

TAB. 2.3 – Estimation de l'aversion aux pertes pour un niveau de confiance p=0.95

p=0.99			
niv. cont.	decision opt.	*VaR* opt.	avers. aux pertes
γ	$\mathbf{a}^{\sharp}$	$\eta^{\sharp}$	θ
-496 €	0	-565.1	22
-772.5 €	0.47	-785.9	22
-978.5 €	0.84	-955.6	22
-1030 €	1	-1030	22

TAB. 2.4 – Estimation de l'aversion aux pertes pour un niveau de confiance p=0.99

Pour les niveaux de contrainte compris entre les extrêmes[8], nous constatons sur les Tableaux 2.3 et 2.4 que, le décideur exprime une grande aversion aux pertes (θ de l'ordre de 6.6 si p=0.95 et de 22 si p=0.99 à comparer avec le Tableau 1.1).

---

[8]Comme $\mathbf{a} \in [0,1]$, $\sigma(\mathbf{a})eEdR_p(N) - \mu(\mathbf{a})$ varie entre 630 € et 1030 €si p=0.95 et entre 496 €et 1030 €si p=0.99.

Deuxième partie

Le cas dynamique

Chapitre 3

Formulation économique d'un problème d'optimisation dynamique sous contraintes de risque

Dans le Chapitre 2 les problèmes d'optimisation stochastique que nous avons regardés sont formulés sur une période. Nous avons alors montré comment on peut passer d'un problème d'optimisation stochastique sous contrainte de risque à un problème du type *expected utility*, une de ces généralisations plus précisément. Ici, nous généralisons ce résultat au cas multi-périodes. Les mesures de risque que nous utilisons sont toujours formulées dans le cas statique (l'axiomatique des mesures de risque dynamiques découle assez naturellement de l'axiomatique pour les mesures statiques, mais leur étude n'est à ce jour pas aussi complète et mûre, voir [13, 71]).

La démarche est la même que dans le cas statique. Nous partons d'un problème d'optimisation stochastique multi-périodes sous contraintes de risque pour arriver à une formulation du type maxmin.

3.1   Un problème d'optimisation dynamique sous contrainte de risque

Pour formuler le problème d'optimisation dynamique, nous allons considérer le système dynamique suivant

$$X(t+1) = f(X(t), \mathtt{A}(t), \mathtt{W}(t)) \, , \, t = t_0, \ldots, T-1 \, ,$$

avec

- le temps $t = t_0, \ldots, T-1$ supposé discret,
- $X(t) \in \mathbb{R}^n$ l'état avec $X(t_0) = X_0$ connu,
- $\mathtt{A}(t) \in \mathbb{R}^m$ la décision,
- $\mathtt{W}(t) \in \mathbb{R}^k$, le bruit $\mathtt{W}(t_0), \ldots, \mathtt{W}(T-1)$ est une suite de variables aléatoires i.i.d. sur un espace de probabilité $(\Omega, \mathcal{F}, \mathbb{P})$,
- f la dynamique.

Le problème d'optimisation fait intervenir

- le profit instantané $J : \mathbb{R}^n \times \mathbb{R}^m \times \mathbb{R}^k \to \mathbb{R}$, qui dépend de la décision, de l'état et du bruit,
- $K : \mathbb{R}^n \to \mathbb{R}$ le profit final,
- $\mathcal{R}_\rho$ la mesure de risque définie en (2.1) à laquelle on associe un niveau de contrainte $\gamma(t) \in \mathbb{R}$.

Étant donné un *feedback*

$$\hat{\mathtt{A}}(\cdot) := \big(\hat{\mathtt{A}}(t_0, \cdot), \ldots, \hat{\mathtt{A}}(T-1, \cdot) \big) \tag{3.1}$$

où $\hat{\mathtt{A}}(t, \cdot) : \mathbb{R}^n \to \mathbb{R}^m$, on engendre un processus aléatoire par

$$X(t+1) = f(X(t), \mathtt{A}(t), \mathtt{W}(t)) \tag{3.2}$$

$$\mathtt{A}(t) = \hat{\mathtt{A}}(t, X(t)) \tag{3.3}$$

et on évalue ce processus par le critère

$$\mathbb{E}\Big[\sum_{t=t_0}^{T-1} J(X(t), \mathtt{A}(t), \mathtt{W}(t)) + K(X(T)) \Big] \, .$$

Nous considérons le problème d'optimisation

$$\sup_{\hat{\mathtt{A}}(\cdot)} \mathbb{E}\Big[\sum_{t=t_0}^{T-1} J(X(t), \mathtt{A}(t), \mathtt{W}(t)) + K(X(T)) \Big] \tag{3.4a}$$

sous les contraintes dynamiques

$$X(t+1) \;=\; f(X(t), \mathtt{A}(t), \mathtt{W}(t)) \tag{3.4b}$$

$$\mathtt{A}(t) \;=\; \hat{\mathtt{A}}(t, X(t)) \tag{3.4c}$$

et sous les contraintes de risque

$$\mathcal{R}_\rho\left(-J(X(t), \mathtt{A}(t), \mathtt{W}(t))\right) \leq \gamma(t)\,,\; t = t_0, \dots, T-1\,. \tag{3.4d}$$

Remarquons que les contraintes de mesurabilité sont exprimées par le fait que $\mathtt{A}(t)$ est une fonction de t et de $X(t)$. Les fonctions J, comme ρ pourraient dépendre de t. Mais ceci alourdirait les notations.

3.2   Mesures de risque et fonctions d'utilité

Rappelons que $L_\rho(\Omega, \mathcal{F}, \mathbb{P})$ est un ensemble de variables aléatoires L telles que $\rho(L, \eta)$ soit intégrable pour tout η et que $\inf_{\eta \in \mathbb{R}} \mathbb{E}\left[\rho(L, \eta)\right] > -\infty$. Nous avons alors introduit les deux hypothèses suivantes :

H1. la fonction $\eta \mapsto \rho(x, \eta)$ est convexe,

H2. pour tout $L \in L_\rho(\Omega, \mathcal{F}, \mathbb{P})$, la fonction $\eta \mapsto \mathbb{E}\left[\rho(L, \eta)\right]$ est continue[1] et tend vers $+\infty$ quand $\eta \to +\infty$.

Le théorème suivant généralise au cas dynamique le Théorème d'équivalence 2.10.

Théorème 3.1 *Soit ρ une fonction vérifiant les hypothèses H1. et H2. Supposons que $L_\rho(\Omega, \mathcal{F}, \mathbb{P})$ est un espace vectoriel, que pour tout $\mathtt{A}(t) \in \mathbb{A}$, $J(X(t), \mathtt{A}(t), \mathtt{W}(t)) \in L_\rho(\Omega, \mathcal{F}, \mathbb{P})$ et que l'infimum (2.1) est atteint pour tout $L = -J(X(t), \mathtt{A}(t), \mathtt{W}(t))$. Le problème d'optimisation dynamique sous contrainte de risque (3.4) est alors équivalent à*

$$\sup_{(\hat{\mathtt{A}}(\cdot), \eta(\cdot))} \inf_{(U_{t_0}, \dots, U_{T-1}) \in \mathcal{U}^{T-t_0}} \mathbb{E}\left[\sum_{t=t_0}^{T-1} U_t\big(J(X(t), \mathtt{A}(t), \mathtt{W}(t)), \eta(t)\big) + K(X(T)) \right] \tag{3.5}$$

où l'ensemble des fonctions (d'utilité) $\mathcal{U}$ est défini par :

$$\mathcal{U} := \left\{ U^{(\lambda)} : \mathbb{R}^2 \to \mathbb{R}\,,\; \lambda \geq 0 \mid U^{(\lambda)}(x, \eta) = x + \lambda\big(-\rho(-x, \eta) + \gamma\big) \right\}. \tag{3.6}$$

---

[1]Une hypothèse de continuité et de majoration de type convergence dominée de la fonction $(x, \eta) \mapsto$ $\rho(x, \eta)$ serait plus faible. Mais cela n'est pas notre préoccupation ici.

Nous allons prouver ce théorème par étapes :

1. dualisation des contraintes de risque,

2. interversion d'un sup et d'un inf,

3. interprétation.

Dualisation des contraintes de risque

Introduisons un multiplicateur de Lagrange $\lambda(\cdot) := (\lambda(t_0), \ldots, \lambda(T-1)) \in \mathbb{R}_+^{T-t_0}$ associé aux contraintes de risque (3.4d) et notons $\eta(\cdot) := (\eta(t_0), \ldots, \eta(T-1)) \in \mathbb{R}^{T-t_0}$ la variable auxiliaire permettant d'écrire les contraintes de risque sous la forme (2.1).

Pour un feedback $\hat{A}(\cdot)$ fixé, on définit la fonction $\Psi_{\hat{A}(\cdot)} : \mathbb{R}^{T-t_0} \times \mathbb{R}^{T-t_0} \to \mathbb{R}$ par

$$\Psi_{\hat{A}(\cdot)}(\lambda(\cdot), \eta(\cdot)) := \mathbb{E}\Big[\sum_{t=t_0}^{T-1} J(X(t), A(t), W(t)) -$$
$$\lambda(t)\rho(-J(X(t), A(t), W(t)), \eta(t)) + \lambda(t)\gamma(t) + K(X(T)))\Big] \quad (3.7)$$

où $A(t) = \hat{A}(t, X(t))$ et $X(t+1) = f(X(t), A(t), W(t))$.

Le Lagrangien associé aux contraintes de risque (3.4d) s'écrit :

$$\mathcal{L}(\hat{A}(\cdot), \lambda(\cdot)) = \mathbb{E}\Big[\sum_{t=t_0}^{T-1} J(X(t), A(t), W(t)) + K(X(T))\Big] - \sum_{t=t_0}^{T-1} \lambda(t)\Big(\mathcal{R}_\rho(-J(X(t), A(t), W(t)) - \gamma(t)\Big)$$

$$= \mathbb{E}\Big[\sum_{t=t_0}^{T-1} J(X(t), A(t), W(t)) + K(X(T))\Big] -$$
$$\sum_{t=t_0}^{T-1} \lambda(t)\Big(\inf_{\eta(t)} \mathbb{E}\big[\rho(-J(X(t), A(t), W(t), \eta(t)))\big] - \gamma(t)\Big)$$

$$= \sup_{\eta(\cdot)} \mathbb{E}\Big[\sum_{t=t_0}^{T-1} J(X(t), A(t), W(t)) + K(X(T)) +$$
$$\lambda(t)\rho\big(-J(X(t), A(t), W(t), \eta(t))\big) - \gamma(t)\Big]$$

(car les $\eta(t)$ apparaissent indépendamment des termes de la somme)

$$= \sup_{\eta(\cdot) \in \mathbb{R}^{T-t_0}} \Psi_{\hat{A}(\cdot)}(\lambda(\cdot), \eta(\cdot)) . \quad (3.8)$$

Par dualité, le problème (3.4) est équivalent à :

$$\sup_{\hat{A}(\cdot)} \inf_{\lambda(\cdot) \in \mathbb{R}_+^{T-t_0}} \sup_{\eta(\cdot) \in \mathbb{R}^{T-t_0}} \Psi_{\hat{A}(\cdot)}(\lambda(\cdot), \eta(\cdot)) . \quad (3.9)$$

Interversion de $\sup_{\lambda(\cdot)\in\mathbb{R}_+^{T-t_0}}$ et $\inf_{\eta(\cdot)\in\mathbb{R}^{T-t_0}}$

À présent, nous allons intervertir $\sup_{\lambda(\cdot)\in\mathbb{R}_+^{T-t_0}}$ et $\inf_{\eta(\cdot)\in\mathbb{R}^{T-t_0}}$ dans le problème (3.9).

Lemme 3.2 *S'il existe $t^\star$ tel que $\gamma(t^\star) < \mathcal{R}_\rho(-J(X(t^\star),\mathtt{A}(t^\star),\mathtt{W}(t^\star)))$ alors*

$$\inf_{\lambda(\cdot)\in\mathbb{R}_+^{T-t_0}}\ \sup_{\eta(\cdot)\in\mathbb{R}^{T-t_0}}\ \Psi_{\hat{\mathtt{A}}(\cdot)}\left(\lambda(\cdot),\eta(\cdot)\right) = \sup_{\eta(\cdot)\in\mathbb{R}^{T-t_0}}\ \inf_{\lambda(\cdot)\in\mathbb{R}_+^{T-t_0}}\ \Psi_{\hat{\mathtt{A}}(\cdot)}\left(\lambda(\cdot),\eta(\cdot)\right) = -\infty\,. \quad (3.10)$$

Démonstration.

Notons $\lambda(t^\star)$ le multiplicateur associé à la contrainte de risque $\gamma(t^\star) < \mathcal{R}_\rho(-J(X(t^\star),\mathtt{A}(t^\star),\mathtt{W}(t^\star)))$.

Remarquons d'abord que les contraintes de risque (3.4d) sont des contraintes déterministes et sont découplées. Les multiplicateurs qui leur sont associés sont alors déterministes et découplés. Ceci permet d'écrire

$$\inf_{\lambda(\cdot)\in\mathbb{R}_+^{T-t_0}}\ \mathbb{E}\Big[\sum_{t=t_0}^{T-1} J(X(t),\mathtt{A}(t),\mathtt{W}(t)) - \lambda(t)\Big(\mathcal{R}_\rho(-J(X(t),\mathtt{A}(t),\mathtt{W}(t))) - \gamma(t)\Big) + K(X(T))\Big] =$$

$$\inf_{\lambda(t_0)}\ \Big\{\mathbb{E}\Big[J(X(t_0),\mathtt{A}(t_0),\mathtt{W}(t_0))\Big] - \lambda(t_0)\Big(\mathcal{R}_\rho(-J(X(t_0),\mathtt{A}(t_0),\mathtt{W}(t_0))) - \gamma(t_0)\Big)\Big\} + \cdots +$$

$$\inf_{\lambda(T-1)}\ \Big\{\mathbb{E}\Big[J(X(T-1),\mathtt{A}(T-1),\mathtt{W}(T-1))\Big] -$$

$$\lambda(T-1)\Big(\mathcal{R}_\rho(-J(X(T-1),\mathtt{A}(T-1),\mathtt{W}(T-1))) - \gamma(T-1)\Big)\Big\} + \mathbb{E}\Big[K(X(T))\Big]\,. \quad (3.11)$$

Nous avons alors

$$\inf_{\lambda(\cdot)\in\mathbb{R}_+^{T-t_0}}\ \sup_{\eta(\cdot)\in\mathbb{R}^{T-t_0}}\ \Psi_{\hat{\mathtt{A}}(\cdot)}(\lambda(\cdot),\eta(\cdot)) =$$

(d'après (3.8))

$$\inf_{\lambda(\cdot)\in\mathbb{R}_+^{T-t_0}}\ \mathbb{E}\Big[\sum_{t=t_0}^{T-1} J(X(t),\mathtt{A}(t),\mathtt{W}(t)) - \lambda(t)\Big(\mathcal{R}_\rho(-J(X(t),\mathtt{A}(t),\mathtt{W}(t))) - \gamma(t)\Big) + K(X(T))\Big] =$$

(d'après (3.11))

$$\inf_{\lambda(t_0),\dots,\lambda(t^\star-1)}\ \mathbb{E}\Big[\sum_{k=t_0}^{t^\star-1} J(X(k),\mathtt{A}(k),\mathtt{W}(k)) - \lambda(k)\Big(\mathcal{R}_\rho(-J(X(k),\mathtt{A}(k),\mathtt{W}(k))) - \gamma(k)\Big)\Big] +$$

$$\inf_{\lambda(t^\star)}\ \Big\{\mathbb{E}\Big[J(X(t^\star),\mathtt{A}(t^\star),\mathtt{W}(t^\star)) - \lambda(t^\star)\Big(\mathcal{R}_\rho(-J(X(t^\star),\mathtt{A}(t^\star),\mathtt{W}(t^\star))) - \gamma(t^\star)\Big)\Big]\Big\} +$$

$$\inf_{\lambda(t^\star+1),\dots,\lambda(T-1)}\ \mathbb{E}\Big[\sum_{k=t^\star+1}^{T-1} J(X(k),\mathtt{A}(k),\mathtt{W}(k)) - \lambda(k)\Big(\mathcal{R}_\rho(-J(X(k),\mathtt{A}(k),\mathtt{W}(k))) - \gamma(k)\Big)\Big] +$$

$$\mathbb{E}\big[K(X(T))\big]\,.$$

Le même raisonnement que la démonstration du Lemme 2.3 permet alors d'écrire

$$\inf_{\lambda(\cdot)\in\mathbb{R}_+^{T-t_0}} \sup_{\eta(\cdot)\in\mathbb{R}^{T-t_0}} \Psi_{\hat{\mathtt{A}}(\cdot)}(\lambda(\cdot),\eta(\cdot)) = -\infty\,.$$

On a toujours $\sup_{\eta(\cdot)\in\mathbb{R}^{T-t_0}} \inf_{\lambda(\cdot)\in\mathbb{R}_+^{T-t_0}} \Psi_{\hat{\mathtt{A}}(\cdot)}(\lambda(\cdot),\eta(\cdot)) \leq \inf_{\lambda(\cdot)\in\mathbb{R}_+^{T-t_0}} \sup_{\eta(\cdot)\in\mathbb{R}^{T-t_0}} \Psi_{\hat{\mathtt{A}}(\cdot)}(\lambda(\cdot),\eta(\cdot)).$
Il s'en suit alors que $\sup_{\eta(\cdot)\in\mathbb{R}^{T-t_0}} \inf_{\lambda(\cdot)\in\mathbb{R}_+^{T-t_0}} \Psi_{\mathtt{A}}(\lambda(\cdot),\eta) = -\infty.$ □

Lemme 3.3 *Si $\gamma(t) \geq \mathcal{R}_\rho(-J(X(t),\mathtt{A}(t),\mathtt{W}(t)))$ pour $t = t_0,\dots,T-1$ alors la fonction $\Psi_{\hat{\mathtt{A}}(\cdot)}$ définie en (3.7) admet un point-selle dans $\mathbb{R}_+^{T-t_0} \times \mathbb{R}^{T-t_0}$.*

   Démonstration. Soit $\eta^\star(\cdot) = (\eta^\star(t_0),\dots,\eta^\star(T-1))$ tel que

$$\mathcal{R}_\rho(-J(X(t),\mathtt{A}(t),\mathtt{W}(t))) = \mathbb{E}\big[\rho(-J(X(t),\mathtt{A}(t),\mathtt{W}(t)),\eta^\star(t))\big] \text{ pour } t = t_0,\dots,T-1\,.$$

Le vecteur $\eta^\star(\cdot) \in \mathbb{R}^{T-t_0}$ existe par hypothèse. En posant

$$\Psi_{\hat{\mathtt{A}}(\cdot)}^t(\lambda(t),\eta(t)) := \mathbb{E}\Big[J(X(t),\mathtt{A}(t),\mathtt{W}(t))\Big] - \lambda(t)\Big(\mathcal{R}_\rho(-J(X(t),\mathtt{A}(t),\mathtt{W}(t))) - \gamma(t)\Big),$$

la fonction $\Psi_{\hat{\mathtt{A}}(\cdot)}(\lambda(\cdot),\eta(\cdot))$ s'écrit

$$\Psi_{\hat{\mathtt{A}}(\cdot)}(\lambda(\cdot),\eta(\cdot)) = \sum_{t=0}^{T-1} \Psi_{\hat{\mathtt{A}}(\cdot)}^t(\lambda(t),\eta(t))\,.$$

L'existence de point-selle pour la fonction $\Psi_{\hat{\mathtt{A}}(\cdot)}(\cdot,\cdot)$ se ramène alors à l'existence de point-selle pour chacune des fonctions $\Psi_{\hat{\mathtt{A}}(\cdot)}^t(\cdot,\cdot)$ car les contraintes sont découplées. La preuve de l'existence de point-selle pour chacune des fonctions $\Psi_{\hat{\mathtt{A}}(\cdot)}^t(\cdot,\cdot)$ est similaire à la preuve du Lemme 2.4 au Chapitre 2.

  □

Interprétation

   On conclut en remarquant que dans l'expression (3.8) on a

$$J(X,\mathtt{A},\mathtt{W}) - \lambda\rho(-J(X,\mathtt{A},\mathtt{W}),\eta) + \lambda\gamma = U^{(\lambda)}(J(X,\mathtt{A},\mathtt{W}),\eta)\,,$$

où $U^{(\lambda)}(x,\eta) = x + \lambda\big(-\rho(-x,\eta) + \gamma\big)$ est donnée dans (3.6).

3.3 Programmation dynamique stochastique et contraintes de risque

Nous présentons une méthode de prise en compte des contraintes de risque lorsque le problème sans contrainte de risque peut se résoudre par programmation dynamique stochastique.

3.3.1 Différentes contraintes de risque statiques

Introduisons les pertes instantanées

$$\Delta L(t) := -J(X(t), \mathtt{A}(t), \mathtt{W}(t)), \text{ pour } t = t_0, \dots, T-1 \qquad (3.12)$$

et la suite des pertes cumulées

$$L(t) := -\sum_{s=t_0}^{t} J(X(s), \mathtt{A}(s), \mathtt{W}(s)). \qquad (3.13)$$

Notons $L(T)$ la perte finale réalisée à l'instant T :

$$L(T) := \sum_{t=t_0}^{T-1} \Delta L(t) - K(X(T)). \qquad (3.14)$$

Dans ce qui suit, nous considérons des mesures de risque statiques. La contrainte de risque peut s'exprimer de différentes façons ; elle peut porter

– soit sur la perte réalisée sur toute la période

$$\mathcal{R}_\rho\big(L(T)\big) \le \gamma, \qquad (3.15)$$

– soit sur les pertes cumulées réalisées à chaque instant

$$\mathcal{R}_\rho\big(L(t)\big) \le \overline{\gamma}(t), \ \forall\, t = t_0, \dots, T-1, \qquad (3.16)$$

– soit sur les pertes instantanées

$$\mathcal{R}_\rho\big(\Delta L(t)\big) \le \gamma(t), \ \ \forall\, t = t_0, \dots, T-1. \qquad (3.17)$$

La formulation (3.15) ne permet pas de contrôler le risque pas de temps par pas de temps ; la perte réalisée sur une période peut être excessive sans que cette contrainte ne soit violée. Par contre, si la mesure de risque $\mathcal{R}_\rho$ est sous-additive, on peut relier la contrainte (3.17) aux contraintes (3.15) et (3.16) ; il suffit alors de choisir des niveaux de contrainte $(\gamma(t))_{t=t_0,\dots,T-1}$ tels que

$$\sum_{t=t_0}^{T-1} \gamma(t) \le \gamma \quad \text{et} \quad \sum_{s=t_0}^{t} \gamma(s) \le \overline{\gamma}(t).$$

En effet

$$\Big(\mathcal{R}_\rho\big(\Delta L(t)\big) \le \gamma(t), \ \forall t = t_0, \dots, T-1\Big) \Rightarrow \sum_{t=t_0}^{T-1} \mathcal{R}_\rho\big(\Delta L(t)\big) \le \sum_{t=t_0}^{T-1} \gamma(t).$$

Par sous-additivité de la mesure de risque, on peut écrire

$$\mathcal{R}_\rho\big(L(T)\big) \le \sum_{t=t_0}^{T-1} \mathcal{R}_\rho\big(\Delta L(t)\big) \le \sum_{t=t_0}^{T-1} \gamma(t) \le \gamma,$$

$$\mathcal{R}_\rho\big(L(t)\big) = \mathcal{R}_\rho\Big(\sum_{s=t_0}^{t} \Delta L(s)\Big) \le \sum_{s=t_0}^{t} \mathcal{R}_\rho\big(\Delta L(s)\big) \le \sum_{s=t_0}^{t} \gamma(s) \le \overline{\gamma}(t).$$

3.3.2   Modèle de commande optimale stochastique sous contraintes de risque

Dans cette section, notre préoccupation n'est pas d'exhiber des formulations équivalentes pour des problèmes d'optimisation stochastique sous contrainte de risque, mais plutôt de montrer comment le problème (3.4) peut être théoriquement résolu par programmation dynamique stochastique pour ensuite s'en inspirer pour un algorithme de calcul.

Théorème 3.4 *Supposons que le Lagrangien défini en* (3.8) *admet un point-selle. Le problème d'optimisation dynamique sous contrainte de risque* (3.4) *est alors équivalent à* $\displaystyle\inf_{\lambda(\cdot)\in\mathbb{R}_+^{T-t_0}} \sup_{\eta(\cdot)\in\mathbb{R}^{T-t_0}} V_0^{(\lambda(\cdot),\eta(\cdot))}\big(x_0\big)$ *où la suite de fonctions valeurs* $V_t^{(\lambda(\cdot),\eta(\cdot))}$ *est donnée par*

$$
\begin{aligned}
V_t^{(\lambda(\cdot),\eta(\cdot))}(x) \;:=\; \sup_{\mathtt{A}} \mathbb{E}\Big[& J(x,\mathtt{A},\mathtt{W}(t)) - \lambda(t)\rho(-J(x,\mathtt{A},\mathtt{W}(t)),\eta(t)) + \lambda(t)\gamma(t) + \\
& V_{t+1}^{(\lambda(\cdot),\eta(\cdot))}\big(f(x,\mathtt{A},\mathtt{W}(t))\big)\Big]
\end{aligned}
\tag{3.18}
$$

avec $V_T^{(\lambda(\cdot),\eta(\cdot))}(x) = K(x)$.

Démonstration. La preuve se fait par étapes.

1. Par dualisation des contraintes de risque, nous avons obtenu en (3.8) le Lagrangien $\mathcal{L}(\hat{\mathtt{A}}(\cdot), \lambda(\cdot))$. Nous supposons que $\mathcal{L}$ admet un point-selle[2], de sorte que

$$\sup_{\hat{\mathtt{A}}(\cdot)} \inf_{\lambda(\cdot) \in \mathbb{R}_+^{T-t_0}} \mathcal{L}(\hat{\mathtt{A}}(\cdot), \lambda(\cdot)) = \inf_{\lambda(\cdot) \in \mathbb{R}_+^{T-t_0}} \sup_{\hat{\mathtt{A}}(\cdot)} \mathcal{L}(\hat{\mathtt{A}}(\cdot), \lambda(\cdot)). \qquad (3.19)$$

2. On remarque que, toujours par (3.8)

$$\sup_{\hat{\mathtt{A}}(\cdot)} \mathcal{L}(\hat{\mathtt{A}}(\cdot), \lambda(\cdot)) = \sup_{\hat{\mathtt{A}}(\cdot)} \sup_{\eta(\cdot) \in \mathbb{R}^{T-t_0}} \Psi_{\hat{\mathtt{A}}(\cdot)}(\lambda(\cdot), \eta(\cdot)) = \sup_{\eta(\cdot) \in \mathbb{R}^{T-t_0}} \sup_{\hat{\mathtt{A}}(\cdot)} \Psi_{\hat{\mathtt{A}}(\cdot)}(\lambda(\cdot), \eta(\cdot)) \,.$$

En effet, il n'y a pas de difficulté à intervertir les deux sup dans le problème ci-dessus.

3. À $(\lambda(\cdot), \eta(\cdot))$ fixé, nous considérons le problème

$$\sup_{\hat{\mathtt{A}}(\cdot)} \Psi_{\hat{\mathtt{A}}(\cdot)}(\lambda(\cdot), \eta(\cdot)) = \sup_{\hat{\mathtt{A}}(\cdot)} \mathbb{E}\Big[\sum_{t=t_0}^{T-1} J(X(t), \mathtt{A}(t), \mathtt{W}(t)) - $$
$$\lambda(t)\rho(-J(X(t), \mathtt{A}(t), \mathtt{W}(t)), \eta(t)) + \lambda(t)\gamma(t) + K(X(T))\Big].$$

Ce problème se résout naturellement par programmation dynamique en introduisant une suite de fonctions valeurs $V_t^{(\lambda(\cdot), \eta(\cdot))}$ paramétrées par

- les multiplicateurs associés aux contraintes de risque,
- et les variables auxiliaires servant à écrire les mesures de risque sous la forme de l'infimum espéré.

□

Une fois résolue une famille d'équations de la programmation dynamique fournissant des $V_{t_0}^{(\lambda(\cdot), \eta(\cdot))}$, l'existence de paramètres optimaux $\lambda^\sharp(\cdot)$ et $\eta^\sharp(\cdot)$ pour la fonction valeur $V_{t_0}^{(\lambda(\cdot), \eta(\cdot))}$ est alors assurée car elle est

- convexe en $\lambda(\cdot)$ (comme suprémum de fonctions linéaires par rapport à ce paramètre)
- et concave en $\eta(\cdot)$ (par définition de la mesure de risque).

Remarque 3.5 La recherche de paramètres $\lambda^\sharp(\cdot)$ et $\eta^\sharp(\cdot)$ optimaux se fera par un algorithme de gradients; ces gradients s'obtiennent directement, voir l'Algorithme 4.2.

Nous nous inspirons de cette procédure pour résoudre un problème de gestion de la production de l'électricité sous contrainte de risque financier; c'est l'objet du Chapitre 4.

---

[2]Dans la section 3.2 , nous nous sommes intéressé à l'existence d'un point-selle pour $\Psi_{\hat{\mathtt{A}}(\cdot)}(\lambda(\cdot), \eta(\cdot))$ définie en (3.7) et non pas pour $\mathcal{L}(\hat{\mathtt{A}}(\cdot), \lambda(\cdot)) = \sup_{\eta(\cdot)} \Psi_{\hat{\mathtt{A}}(\cdot)}(\lambda(\cdot), \eta(\cdot))$.

Chapitre 4

Gestion de la production de l'électricité à l'horizon moyen terme

Nous étudions dans ce chapitre un problème simplifié de gestion de production de l'électricité à l'horizon moyen terme dans lequel nous introduisons une contrainte de risque financier.

La problématique historique de la gestion de production de l'électricité consiste à produire à moindre coût et à satisfaire la demande à chaque instant. L'ouverture à la concurrence du secteur de l'énergie et l'émergence des marchés de l'électricité rendent cette gestion plus complexe : à la problématique historique s'ajoute désormais une problématique financière qui va consister, d'une part, à prendre en compte les marchés financiers et, d'autre part, à introduire une contrainte de risque financier dans le problème d'optimisation. Nous étudions le problème de l'optimisation d'un portefeuille mixte (composé de centrales thermiques, de réserves hydrauliques et de contrats à terme) sous une contrainte de risque financier. L'*optimisation conjointe parc de production/portefeuille financier* consiste à déterminer les commandes de production et les quantités de contrats achetées ou vendues sur les marchés de l'énergie. Mathématiquement, on veut minimiser l'espérance des coûts de production sous

- une contrainte d'équilibre offre-demande,
- des contraintes dynamiques sur les stocks hydrauliques,
- une contrainte de risque financier,
- des contraintes de bornes sur les commandes de production et d'achats/ventes sur les marchés de l'énergie.

Nous commençons par présenter le problème de gestion de production dans le contexte énoncé ci-dessus. L'accent est mis sur la formulation mathématique, permettant ainsi d'identifier les difficultés techniques liées à la résolution numérique du problème. Puis nous montrons comment résoudre le problème ainsi formulé par une approche par programmation dynamique paramétrée introduite dans le Chapitre 3. Cette approche fait l'objet d'expériences numériques. Les modèles d'aléas utilisés (modèle de prix sur les marchés de l'énergie et modèle de demande) sont présentés en annexe.

4.1 Gestion dynamique de production

Nous commençons par décrire les moyens de production, puis les marchés financiers, l'équilibre offre-demande et enfin le problème de minimisation des coûts. Dans les modèles dynamiques présentés, le temps est supposé discret : $t \in \{t_0, \ldots, T\}$.

4.1.1 Portefeuille "physique" de production

Les centrales thermiques. On suppose que l'on dispose d'un parc de production d'électricité avec l unités de productions (charbon, fioul, gaz etc.) ; on note $u_i(t)$ la quantité d'électricité produite par l'unité i à la date t (en mégawatt, i.e MW). À chaque unité de production est associé un coût instantané noté $c_i(t)$. Ainsi, au pas de temps t, le coût associé aux unités de production est donné par :

$$\text{coût de production} = \sum_{i=1}^{l} c_i(t) u_i(t). \tag{4.1}$$

Pour simplifier la modélisation de l'incertitude liée aux pannes, on regroupe d'abord les unités de production en paliers (unités de production ayant les mêmes caractéristiques). Puis on décompose chaque palier en N tranches. On note $Y(t)$ la variable aléatoire donnant le nombre de tranches en panne à la date t ; à l'instant $t + 1$, le nombre de tranches en panne est donné par l'égalité :

$$Y(t+1) = Y(t) + N_{pa}(t) - N_{ma}(t), \tag{4.2}$$

où les variables aléatoires $N_{pa}(t)$ et $N_{ma}(t)$ désignent respectivement le nombre de tranches en panne et le nombre de tranches remises en marche entre t et $t + 1$. On pourra consulter [26] pour des informations supplémentaires.

Les réserves hydrauliques. À la date t, les turbinages réalisés à partir des réserves hydrauliques servent à maintenir l'équilibre offre-demande. La quantité produite par la réserve j est notée $r_j(t)$ et est mesurée en MW. On fait l'hypothèse que l'on dispose de k réserves hydrauliques et que le coût associé à la production des réserves hydrauliques est nul. Le niveau de stock pour une réserve hydraulique donnée, $R_j(t)$ mesuré en MWh, est obtenu en tenant compte :

- de l'apport d'eau aléatoire $A_j(t)$ (mesuré en MW),
- du turbinage effectué $r_j(t)$ (mesuré en MW).

Ainsi, si on dispose de k réserves hydrauliques, les contraintes dynamiques sur les réserves sont données par les égalités :

$$R_j(t_0) = R_{j,0} \,,$$
$$R_j(t+1) = R_j(t) + \Delta t \big(A_j(t) - r_j(t) \big) \,,\ \forall j = 1, \ldots, k \,. \tag{4.3}$$

Δt mesure le pas de temps. Des contraintes de bornes sur les réserves imposent que chaque réserve doit contenir un volume minimal et un volume maximal fixés :

$$\underline{R} \leq R_j(t) \leq \overline{R},\ \forall\, j = 1, \ldots, k \,. \tag{4.4}$$

4.1.2 Les marchés de l'électricité

Deux types de contrats sont échangés sur les marchés de l'énergie : des contrats à terme encore appelés contrats *future* (pour une livraison ultérieure) et des contrats *spot* (pour une livraison au jour suivant).

Le marché à terme. Un contrat *future* consiste à pouvoir acheter de l'énergie, à des instants antérieurs à une date d'échéance t_e. Le prix est connu à l'instant d'achat ; la quantité totale achetée est livrée entre la date d'échéance et une date t_f spécifiée dans le contrat. On note $\mathcal{P}$ l'ensemble des contrats *future*, π_e l'application qui associe à chaque contrat $p \in \mathcal{P}$ sa date d'échéance t_e, et π_f l'application qui lui associe sa date de fin de livraison t_f. On note enfin $\mathcal{P}(t)$ l'ensemble des contrats en cours de livraison à l'instant t :

$$\mathcal{P}(t) = \Big\{ p \in \mathcal{P},\ \pi_e(p) \leq t \leq \pi_f(p) \Big\} \,. \tag{4.5}$$

Soit $p \in \mathcal{P}$. On note $q_p(t)$ l'électricité achetée (mesurée en MW) à l'instant t au titre du contrat p, et on note $F_p(t)$ le prix auquel on achète cette énergie.[1] La nature du contrat impose la condition :

$$\forall \tau \geq \pi_e(p) , \quad q_p(\tau) = 0 .$$ (4.6)

Avec la condition (4.6), le coût à l'instant t des marchés à terme est donné par

$$\text{coût des marchés à terme} = \sum_{p \in \mathcal{P}} \big(t_e(p) - t_f(p)\big) F_p(t) q_p(t) ,$$ (4.7)

la puissance livrée à t étant :

$$\text{puissance livrée} = \sum_{p \in \mathcal{P}(t)} \sum_{\tau < t} q_p(\tau) .$$ (4.8)

Le marché *spot*. La quantité d'électricité vendue sur le marché *spot* à la date t est notée $v(t)$; le prix sur le marché *spot* est noté $S(t)$ (il se déduit du prix *future* comme en annexe C). Le gain correspondant à ces ventes est :

$$\text{profit} = v(t) S(t) .$$ (4.9)

4.1.3   L'équilibre offre-demande

La demande $D(t)$ est supposée exogène ; elle est modélisée par un modèle à un facteur (voir Annexe C). L'équilibre offre-demande est satisfait en ayant recours aux marchés *spot* et à terme, en plus des moyens de production disponibles.

On introduit, pour chaque contrat p, la variable Q_p représentant le cumul de la puissance achetée au titre de ce contrat :

$$Q_p(t_0) = Q_{p,0} ,$$
$$Q_p(t+1) = Q_p(t) + q_p(t), \ \forall p \in \mathcal{P}(t) .$$ (4.10)

Le vecteur $\mathbf{q}(t)$ rassemble l'ensemble des $q_p(t)$ pour $p \in \mathcal{P}(t)$.

L'équation d'équilibre offre-demande. La demande est mesurée en MW. L'équilibre offre-demande est traduit par la suite d'égalités :

$$D(t) = \sum_{i=1}^{l} u_i(t) - v(t) + \sum_{j=1}^{k} r_j(t) + \sum_{p \in \mathcal{P}(t)} Q_p(t) .$$ (4.11)

---

[1] Avec les notations de l'annexe C, on a : $F_p(t) = F(t, \pi_e(p))$.

Pénalisation de la demande non satisfaite. Lorsque les moyens de production et la profondeur des marchés financiers ne permettent pas de satisfaire la demande, on introduit une variable d'écart pour prendre en compte les coûts de défaillance.

La quantité de production à l'instant t est définie par

$$P(t) := \sum_{i=1}^{l} u_i(t) - v(t) + \sum_{j=1}^{k} r_j(t) + \sum_{p \in \mathcal{P}(t)} Q_p(t). \tag{4.12}$$

La demande non satisfaite s'écrit

$$d(t) := \max\left(0, D(t) - P(t)\right), \tag{4.13}$$

auquel on associe un prix $\delta(t)$. Le coût de défaillance est alors défini par $\delta(t)d(t)$.

4.1.4 Prise en compte du risque financier

Cette rapide description des marchés financiers est suivie d'une proposition sur la façon de mesurer le risque financier sur les coûts de production par le biais d'une classe particulière de mesures de risque.

Expression des coûts. Une fois établi le bilan des coûts des flux physiques et financiers échangés sur un horizon de temps T, le coût final $L(T)$ s'exprime de la façon suivante

$$L(T) = \sum_{t=t_0}^{T-1} \left[\sum_{i=1}^{l} c_i(t)u_i(t) - v(t)S(t) + \sum_{p \in \mathcal{P}(t)} \left(t_e(p) - t_f(p)\right)\left(q_p(t)F_p(t) + |q_p(t)|B(t)\right) + \delta(t)d(t) \right], \tag{4.14}$$

où $t_e(p)$ et $t_f(p)$ désignent respectivement les dates initiale et finale de livraison du produit p et $B(t)$ le *bid-ask*.[2]

Introduisons les coûts dits instantanés

$$\Delta L(t) := \sum_{i=1}^{l} c_i(t)u_i(t) + v(t)S(t) + \sum_{p \in \mathcal{P}(t)} \left(t_e(p) - t_f(p)\right)\left(q_p(t)F_p(t) + |q_p(t)|B(t)\right) + \delta(t)d(t) \tag{4.15}$$

---

[2]Le *bid-ask* désigne la différence entre le prix d'achat et le prix de vente d'un produit financier.

pour $t = t_0$ à $T - 1$ et la suite des coûts cumulés

$$L(t) := \sum_{s=t_0}^{t} \Delta L(s) \,. \tag{4.16}$$

Avec la convention que $\Delta L(T) = 0$, nous retrouvons en particulier l'expression de $L(T)$.

Différentes façons de mesurer le risque financier portant sur les coûts de production peuvent être considérées ; nous renvoyons le lecteur au Chapitre 3. Dans la suite nous considérons des mesures de risque statiques portant sur les coûts instantanés $\Delta L(t)$.

Description des aléas. Le risque provient de quatre sources d'aléas :
- les apports hydrauliques $A(t)$,
- la demande $D(t)$,
- les prix $F_p(t)$ et $S(t)$,
- et enfin les aléas $N_{pa}(t)$ et $N_{ma}(t)$ sur le parc de production.

En fait, les prix $F_p(t)$ et $S(t)$ sont corrélés entre eux et en temps, et sont produits par des aléas primitifs sur les prix, voir Annexe C. On introduit l'aléa à l'instant t

$$W(t) := \left(\quad \text{aléas primitifs sur les prix,} \quad D(t), A(t), N_{pa}(t), N_{ma}(t) \right) . \tag{4.17}$$

Mesures de risque statiques et dynamiques. On rappelle que le risque associé à une variable aléatoire X est une fonction réelle $\mathcal{R}$ de cette variable. Dans ce qui suit, nous précisons la classe de mesures de risque que nous allons considérer.

Dans le cas statique, la formulation des mesures de risque a fait l'objet d'une importante littérature ; nous pouvons citer entre autres [5] [70], [31] et [52]. Dans la suite nous considérons les mesures de risque qui s'écrivent sous la forme d'un infimum espéré. Nous avons montré dans le Chapitre 3 que la formulation sous forme d'infimum espéré permet de traiter cette contrainte de risque par programmation dynamique stochastique, dans un sens bien précis. En outre, nous avons montré que cette formulation conduit à une reformulation des problèmes d'optimisation stochastique sous contrainte de risque du type *nonexpected utility*.

Dans le cas dynamique, la formulation des mesures de risque est plus complexe ; par exemple comment tenir compte de la structure d'information à laquelle le décideur fait face pour mesurer le risque ? Dans l'approche économique, la prise en compte du risque dans le cas dynamique est abordée à travers la notion de consistence des décisions en temps, autrement dit, la cohérence dynamique des choix. Nous pouvons citer entre autres [25] et [24]. D'un point de vue différent de l'approche économiste, plusieurs auteurs ont proposé des mesures de risque dynamiques ou des axiomes permettant de les caractériser. Nous pouvons citer [12], [71] et [22].

Minimisation du coût final sous contraintes

Le problème d'optimisation à résoudre se met sous la forme

$$\inf_{u(\cdot),v(\cdot),\mathbf{q}(\cdot),r(\cdot)} \mathbb{E}\Big[\sum_{t=t_0}^{T-1} \Delta L(t)\Big],\tag{4.18a}$$

sous les contraintes de risque

$$\mathcal{R}_p\Big(\Delta L(t)\Big) \leq \gamma(t),\tag{4.18b}$$

les contraintes de dynamique

$$Q_p(t+1) = Q_p(t) + q_p(t),\ \ Q_p(t_0) = Q_{p,0},\tag{4.18c}$$

$$R_j(t+1) = R_j(t) + \Delta t\big(A_j(t) - r_j(t)\big),\ \ R_j(t_0) = R_{j,0},\tag{4.18d}$$

les contraintes de borne portant sur le niveau des réserves et les commandes

$$\underline{R} \leq R_j(t) \leq \overline{R},\tag{4.18e}$$

$$\underline{u} \leq u_i(t) \leq \overline{u},\ \underline{v} \leq v(t) \leq \overline{v},\ \underline{q}_p \leq q_p(t) \leq \overline{q}_p,\ \underline{r} \leq r_j(t) \leq \overline{r},\tag{4.18f}$$

et enfin une contrainte de non anticipativité des commandes

$$(u(t), v(t), \mathbf{q}(t), r(t))\ \text{mesurable par rapport à } \sigma(\mathtt{W}(t_0),\dots,\mathtt{W}(t))^3.\tag{4.18g}$$

Pour résoudre le problème (4.18)⁴, il faut traiter différents types de contraintes :

---

[3] $\sigma(\mathtt{W}(t_0),\dots,\mathtt{W}(t))$ désigne la tribu engendrée par le passé des bruits.

[4] Dans ce problème les contraintes de risque portent sur le coût réalisé à chaque pas de temps. On pourrait les faire porter sur les coûts cumulés comme indiqué dans le Chapitre 3. Une augmentation de l'état incorporant les coûts permet alors de garder le principe de la programmation dynamique pour traiter ce type de contraintes.

- trois types de contraintes sur la commande : une contrainte de borne, une contrainte de mesurabilité et une contrainte de satisfaction de la demande,
- et enfin une contrainte de risque.

Les contraintes de bornes sur les commandes peuvent être traitées de manière classique par projection. Dans ce travail, nous considérons des *feedbacks* de l'état des systèmes dynamiques pour traiter la contrainte de non-anticipativité des commandes. La contrainte de satisfaction de la demande est traitée de manière exogène. Autrement dit les ventes sur le marché *spot* et les unités de production servent uniquement à satisfaire la demande résiduelle[5] ; ces commandes n'interviennent que dans le cas où les achats sur le marché à terme arrivés à échéances et les quantités turbinées sont insuffisantes.

Remarque 4.1 Iliadis et al. dans [39] ont traité le problème (4.18) sur un arbre de scénarios. Leur approche repose sur la linéarisation du terme de risque afin d'obtenir un problème linéaire stochastique facilement implémentable dans un solveur. Dans ce qui suit, la linéarisation du terme de risque ne sera pas nécessaire.

4.2 Formulation mathématique

Nous présentons ici comment le problème de minimisation du coût final sous contrainte peut se mettre sous forme de modèle de commande optimale stochastique sous contrainte, et peut être théoriquement résolu par une approche faisant intervenir une famille paramétrée d'équations de programmation dynamique.

4.2.1 Mise sous forme canonique

Modèle d'état. Introduisons $\mathbf{F}(t) := \big(F_p(t)\big)_{p \in \mathcal{P}(t)}$ et *l'état*

$$X(t) := \big(R_1(t), \ldots, R_k(t), Q_p(t), \mathbf{F}(t), S(t)\big) \qquad (4.19)$$

la commande

$$\mathbf{A}(t) := \big(r_1(t), \ldots, r_k(t), u_1(t), \ldots, u_l(t), v(t), \mathbf{q}(t)\big) \qquad (4.20)$$

L'expression (4.15) permet alors d'écrire les coûts sous la forme

$$\Delta L(t) = L(X(t), \mathbf{A}(t), \mathbf{W}(t)). \qquad (4.21)$$

---

[5] C'est la demande restante lorsque le turbinage et le marché à terme sont insuffisants.

Ce coût instantané s'écrit bien comme une fonction de l'état $X(t)$, de la commande $A(t)$ et de l'aléa $W(t)$.

On introduit le gain instantané

$$\Delta G(t) = -\Delta L(t) \, .$$

Avec ces notations, le problème (4.18) de maximisation du gain final sous contrainte se formule comme un problème de commande optimale stochastique sous contraintes :

$$\sup_{\hat{A}(\cdot)} \; \mathbb{E}\Big[\sum_{t=t_0}^{T-1} \Delta G(t)\Big] \, , \tag{4.22a}$$

sous les contraintes de risque

$$\mathcal{R}_\rho\big(-\Delta G(t)\big) \le \gamma(t) \, , \tag{4.22b}$$

sous les contraintes de dynamique

$$X(t+1) = f\big(X(t), A(t), W(t)\big), \quad X(t_0) = X_0 \, , \tag{4.22c}$$

sous des contraintes de bornes portant sur l'état et la commande

$$\underline{X} \le X(t) \le \overline{X} \quad , \quad \underline{A} \le A(t) \le \overline{A} \, , \tag{4.22d}$$

et sous les contraintes de mesurabilité

$$A(t) = \hat{A}(t, X(t)) \, . \tag{4.22e}$$

4.2.2 Méthode de résolution.

La formulation du problème de minimisation des coûts de production sous contrainte de risque sous la forme (4.22) est identique à celle du problème d'optimisation dynamique énoncé dans le Chapitre 3. Nous nous inspirons alors de la méthode théorique de résolution proposée dans ce chapitre pour résoudre numériquement le probmème (4.18).

Notons que, dans le problème décrit dans la section 4.1, la dimension de l'état $X(t)$ du système dynamique est au moins égale à la somme du nombre de réservoirs et de contrats à terme. Ceci limite considérablement le nombre de réserves hydrauliques et de contrats à terme à prendre en compte lors de la résolution numérique du problème. En effet, la programmation dynamique devient généralement difficile à mettre en œuvre au delà d'un état de dimension 4.

Description de la maquette EDF. Le problème (4.18) sans contrainte de risque a déjà été étudié et mis en œuvre numériquement (voir [74]). Nous nous proposons de décrire brièvement l'application numérique. En même temps nous montrons la procédure à suivre pour tenir compte des contraintes de risque. Trois fonctions principales permettent de résoudre le problème par programmation dynamique : la fonction *Bellman* qui calcule la fonction valeur (dite de Bellman), la fonction *Optimiseur* qui détermine le coût optimal pour un instant donné et la fonction *Programmation Dynamique* qui donne une solution numérique du problème. Dans le cas de la prise en compte des contraintes de risque, ces trois fonctions auront deux paramètres en commun : les multiplicateurs associés aux contraintes de risque et les variables auxiliaires servant à réécrire les contraintes de risque.

Fonction *Bellman*. La fonction *Bellman* calcule les fonctions valeur
- en prenant en argument l'état du système dynamique : les stocks (actifs thermiques, eau et contrats à terme) et les aléas ;
- en faisant des calculs d'espérances conditionnelles, de régression et d'interpolation.

Comme on l'a vu, la fonction *Bellman* dépend des paramètres $\lambda(\cdot)$, multiplicateurs de Lagrange associés aux contraintes de risque, et $\eta(\cdot)$, variables auxiliaires introduites pour écrire la contrainte de risque.

Fonction *Optimiseur*. La fonction *Optimiseur* retourne le coût minimal en considérant des états et des commandes discrètes. En plus des arguments pris par la fonction *Bellman*, elle prend elle même en argument la fonction *Bellman*.

Ici aussi, le coût optimal dépend des paramètres $\lambda(\cdot)$, multiplicateurs de Lagrange associés aux contraintes de risque, et $\eta(\cdot)$, variables auxiliaires introduites pour réécrire la contrainte de risque. Nous déterminons les paramètres optimaux par un algorithme de gradient comme décrit dans la sous-section 4.2.2.

Fonction *Programmation Dynamique*. Elle fait appel à la fonction *Optimiseur* par récurrence rétrograde et retourne la solution du problème (4.18) calculée par programmation dynamique sans contrainte de risque. Pour traiter les contraintes de risque tout en gardant le principe de la programmation dynamique il faut, à chaque étape :

- appliquer le coût à la fonction $\varphi_{\lambda,\eta} : x \mapsto x + \lambda(-\rho(-x,\eta) + \gamma)$, les scalaires η et λ étant fixés ;
- faire appel à la fonction *Optimiseur* pour déterminer le coût minimal ;
- remettre à jour η et λ par des pas de gradients.

Algorithme de programmation dynamique paramétrée

Dans l'application numérique, nous traitons des contraintes de risque du type *CVaR*. La résolution numérique du problème avec contraintes de risque s'exprimant avec toute autre mesure de risque s'écrivant sous la forme d'un infimum espéré est envisageable. Dans le cas d'une contrainte de *CVaR* la fonction ρ est donnée par $\rho : (x,\eta) \mapsto \eta + \frac{1}{1-p}(x - \eta)_+$, voir Chapitre 2, Tableau 2.2.1.
L'algorithme de la programmation dynamique paramétrée est le suivant, [6] où $t_0 = 0$.

Algorithme 4.2

1. *Discrétiser la commande* A *et l'état* X. *Choisir des valeurs initiales* $\eta^0(\cdot)$ *et* $\lambda^0(\cdot)$, *des pas fixes* ε_1 *et* ε_2 *et des seuils* β_1 *et* β_2 .

2. *Résoudre le problème* $\inf\limits_{\lambda(\cdot)} \sup\limits_{\eta(\cdot)} V_0^{\lambda(\cdot),\eta(\cdot)}(x_0)$:

   Boucle en temps : $t = T - 1, \ldots, 0$.

       Boucle sur les niveaux de stock : $st \in$ *Niveaux de stock*

           Boucle sur $i \in$ *numéro de simulation de l'aléa* $W_i(t)$

           $Gain_i = -\infty$

           Boucle sur les commandes : $a \in$ *Commandes* A

           $Gain_i = \max\Big(\varphi_{\eta^k(t),\lambda^k(t)}\big(Gain_i(a, W_i(t)) + V_{t+1}^{\eta^k(\cdot),\lambda^k(\cdot)}(st + a, W_i(t + 1))\big), Gain_i\Big)$

           Faire une régression des $Gain$ *par rapport aux aléas pour calculer* $V_t^{\eta(\cdot),\lambda(\cdot)}$

   On obtient $V_0^{\eta(\cdot),\lambda(\cdot)}(x_0)$

---

[6]Cet algoritme s'inspire de l'algorithme hasard décision formulé dans la note [74].

Boucle sur k pour mettre à jour les paramètres $\eta(\cdot)$ et $\lambda(\cdot)$ par les formules

$$
\begin{aligned}
\eta^{k+1}(\cdot) &= \eta^k(\cdot) + \varepsilon_1\, \partial_{\eta(\cdot)} V_0^{\lambda^k(\cdot),\eta^k(\cdot)}(x_0)\,, \\
\lambda^{k+1}(\cdot) &= \Pi_{\mathbb{R}_+}\Big[\lambda^k(\cdot) - \varepsilon_2\, \partial_{\lambda(\cdot)} V_0^{\lambda^k(\cdot),\eta^k(\cdot)}(x_0)\Big]\,.
\end{aligned}
$$

Si $\displaystyle\sup_{t=0,\dots,T-1} |\eta^{k+1}(t) - \eta^k(t)| < \beta_1$ *et* $\displaystyle\sup_{t=0,\dots,T-1} |\lambda^{k+1}(t) - \lambda^k(t)| < \beta_2$, *on arrête la boucle en k, sinon on incrémente l'indice k de 1.*

Les gradients se calculent explicitement :

$$
\partial_{\eta(\cdot)} V_0^{\lambda^k(\cdot),\eta^k(\cdot)}(x_0) = \Big(\quad -\lambda^k(t_0)\Big\{1 - \tfrac{1}{1-p}\mathbb{E}\big[\mathbb{I}(-\Delta G(t_0) - \eta^k(t_0))\big]\Big\},\dots,
$$
$$
-\lambda^k(T-1)\Big\{1 - \tfrac{1}{1-p}\mathbb{E}\big[\mathbb{I}(-\Delta G(T-1) - \eta^k(T-1))\big]\Big\}\Big)\,,
$$

$$
\partial_{\lambda(\cdot)} V_0^{\lambda^k(\cdot),\eta^k(\cdot)}(x_0) = \Big(\quad -\eta^k(t_0) - \tfrac{1}{1-p}\mathbb{E}\Big[\big(-\Delta G(t_0) - \eta^k(t_0)\big)_+\Big] + \gamma(t_0),\dots,
$$
$$
-\eta^k(T-1) - \tfrac{1}{1-p}\mathbb{E}\Big[\big(-\Delta G(T-1) - \eta^k(T-1)\big)_+\Big] + \gamma(T-1)\Big)\,.
$$

4.3   Résultats numériques

On résout numériquement le problème de gestion de production sans contrainte de risque. Les résultats obtenus nous servent de référence pour résoudre le problème avec contraintes de risque.

4.3.1   Problème sans contrainte de risque

Le problème (4.18) sans les contraintes de risque (4.18b)

$$
\sup_{\hat{A}(\cdot)} \ \mathbb{E}\Big[\sum_{t=t_0}^{T-1} \Delta G(t)\Big]\,,
$$

est résolu par un algorithme de programmation dynamique détaillé dans [74]. Les paramètres sont donnés en Annexe C.

On calcule d'abord le gain optimal du problème (4.18) sans les contraintes de risque (4.18b) ainsi que les quantités $\inf_{t=0,\ldots,T-1} VaR(-\Delta G^\sharp(t))$ et $\inf_{t=0,\ldots,T-1} CVaR(-\Delta G^\sharp(t))$. Ces valeurs nous seront utiles pour fixer les niveaux de contraintes $\gamma(t)$ ou pour déterminer l'ancrage $-\eta$ lorsque le risque est pris en compte via des fonctions d'utilité présentant de l'aversion aux pertes.

$\Delta G^\sharp(t)$ représente le gain instantané optimal sans contraintes de risque à l'instant t.

Remarque 4.3 Dans les résultats numériques qui suivent les gains sont exprimés en terme de variation relative par rapport à la référence $\sup_{\hat{A}(\cdot)} \mathbb{E}\left[\sum_{t=t_0}^{T-1} \Delta G^\sharp(t)\right]$.

4.3.2 Problème avec contraintes de risque

On résout maintenant le problème avec contraintes de risque (4.18) lorsque la mesure de risque considérée correspond à la *Conditional Value-at-Risk*, i.e $\mathcal{R}_\rho = CVaR$. On choisit les niveaux de contraintes à satisfaire pour chaque pas de temps : pour tout $t = 0, \ldots, T-1$

$$\gamma(t) = \gamma = \inf_{t=0,\ldots,T-1} CVaR(-\Delta G^\sharp(t))$$

Le gain obtenu est donné dans le Tableau 4.1. Il est bien sûr moins élevé que le gain sans contraintes de risque.

gain optimal avec contraintes de risque	- 57.8%

TAB. 4.1 – Gain optimal avec contraintes de risque

Dans les sous-sections (4.3.3) et (4.3.4) nous allons traiter les contraintes de risque par des fonctions d'utilité. Les gains correspondants aux commandes optimales obtenues sont calculés afin de pouvoir faire une comparaison avec le problème de référence $\sup_{\hat{A}(\cdot)} \mathbb{E}\left[\sum_{t=t_0}^{T-1} \Delta G^\sharp(t)\right]$. Pour voir maintenant si les contraintes de risque sont satisfaites (en comparaison avec les contraintes (4.18b)), on regardera la trajectoire $t \mapsto \frac{\gamma - CVaR(-\Delta G(t))}{\gamma}$.

4.3.3   Problème d'optimisation avec une des fonctions d'utilité associées aux contraintes de *CVaR*

On résout le problème

$$\sup_{\hat{\lambda}(\cdot)} \sup_{\eta(\cdot)} \mathbb{E}\left[\sum_{t=t_0}^{T-1} \Delta G(t) + \lambda\left(-\eta(t) - \frac{1}{1-p}\left(-\Delta G(t) - \eta(t)\right)_+ + \gamma(t)\right)\right], \qquad (4.23)$$

sous les contraintes de dynamique (4.18c) et (4.18d), de bornes (4.18e) et de mesurabilité (4.18g).

Ce problème n'est pas équivalent au problème résolu dans la sous-section 4.3.2 puisque la valeur de λ est fixée à l'avance. Différentes valeurs de λ sont expérimentées. Dans le Tableau 4.2 la valeur $\lambda^\sharp$ correspond à la moyenne de la valeur optimale du multiplicateur $(\lambda(t_0), \ldots, \lambda(T-1))$ associé aux contraintes de risque dans le problème (4.18). On rappelle que

$$\theta = 1 + \frac{\lambda}{1-p}\ .$$

λ	θ	$\sup\limits_{\hat{\lambda}(\cdot)} \mathbb{E}\left[\sum\limits_{t=t_0}^{T-1} \Delta G(t)\right]$	contraintes satisfaites
0.1	3	-65.9%	non
0.25	6	-63.5%	non
$\lambda^\sharp = 62.351$	1248.02	- 57.8%	oui
100	2001	-60.7%	non

TAB. 4.2 – Solutions du problème (4.23) pour différentes valeurs du paramètre λ

Les gains sont toujours exprimés relativement aux gains sans contraintes de risque. Nous constatons dans le Tableau (4.2) que fixer une valeur de λ de telle sorte que l'aversion aux pertes soit dans la plage des valeurs empiriques donne des résultats relativement satisfaisants, en comparaison avec les résultats obtenus en résolvant le problème (4.18). Mais on observe des violations des contraintes de risque systématiques, voir Figure 4.1.

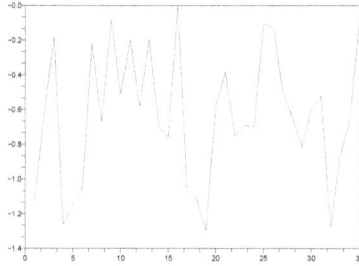

FIG. 4.1 – Dépassement des contraintes de *CVaR*, pour $\lambda = 100$

4.3.4 Problème d'optimisation avec une fonction d'utilité présentant de l'aversion aux pertes

Nous avons proposé dans le Chapitre 2, sous-section 2.4.2 une classe de fonctions d'utilité qui s'écrit sous la forme :

$$U(x) = x + \eta + (1 - \theta)(-x - \eta)_+ \quad \forall x \in \mathbb{R}. \tag{4.24}$$

Cette classe de fonctions d'utilité offre deux degrés de liberté : le niveau d'aversion aux pertes θ et le niveau $-\eta$ (ancrage) à partir duquel on va distinguer les pertes des gains.

On résout le problème

$$\sup_{\hat{\mathbf{A}}(\cdot)} \mathbb{E}\Big[\sum_{t=t_0}^{T-1} U_t\big(\Delta G(t)\big)\Big] \tag{4.25}$$

où U_t est donnée par (4.24).

On choisit des valeurs empiriques pour fixer le niveau d'aversion aux pertes (dans [1] les auteurs donnent des valeurs empiriques de l'aversion aux pertes). Par analogie, l'ancrage optimal pour les fonctions d'utilité (4.24) peut être interprété comme une *Value-at-Risk*. Nous nous basons alors sur cette analyse pour fixer l'ancrage $-\eta$ en fonction de la *VaR* pour des coûts sans contraintes de risque. En guise d'illustration, nous prenons :

$$\eta = \frac{1}{T}\sum_{t=0}^{T-1} VaR(-\Delta G^\sharp(t)).$$

$\theta=2$		$\theta=3$	
η	gain	η	gain
21.76 10^6 €	-28.3%	21.76 10^6 €	-17.5%
$\theta=4$		$\theta=10$	
η	gain	η	gain
21.76 10^6 €	- 15.3%	21.76 10^6 €	- 11.5%

TAB. 4.3 – Gains avec des fonctions d'utilité (4.24) pour des niveaux d'aversion aux pertes et ancrage différents

Dans le Tableau 4.3, les gains sont exprimés relativement aux gains sous contraintes de risque, ils sont meilleurs que ceux obtenus en résolvant le problème (4.18).

Nous représentons maintenant la trajectoire $t \mapsto \frac{\gamma - CVaR(-\Delta G(t))}{\gamma}$, voir Figure 4.2. Elle est au dessus de l'axe des abcisses si les contraintes sont satisfaites pour tout t. On observe des violations systématiques de l'ordre de 50% à 100% pour $\theta = 4$. En effet la résolution par fonction d'utilité avec aversion aux pertes et ancrage ne fait pas intervenir un niveau de contrainte de risque : il est donc compréhensible que ce niveau soit violé. En revanche à chaque niveau d'aversion aux pertes θ pourrait correspondre un niveau de contrainte de risque γ.

Pour l'instant, par tatonnement dans le calage de l'ancrage $-\eta$ nous avons obtenu des résultats pour lesquels les niveaux de contraintes de risque sont raisonnablement satisfaites lorsque $\theta = 10$, voir Figure 4.3. Le gain obtenu est de l'ordre de -5.4% par rapport au gain sans contraintes de risque et on observe une violation significative des contraintes de risque dans 4 cas sur les 36 pas de temps.

Conclusion sur les expériences numériques. Nous avons commencé par expérimenter l'algorithme de la programmation dynamique paramétrée. Cet algorithme est difficile à mettre en œuvre et peu stable. Pour contourner cette difficulté une alternative est de considérer le risque via des fonctions d'utilité associées à la *Conditional Value-at-Risk*. Ces fonctions d'utilité à aversion aux pertes et ancrage
  – ne présentent pas de difficultés particulières lors de la résolution numérique

– et donnent des gains meilleurs en comparaison avec le problème sous contraintes
de risque résolu par programmation dynamique paramétrée.

Avec des contraintes de risque raisonnablement satisfaites, nous avons obtenu de manière heuristique, des ordres de grandeurs convaincants sur le gain (-5.4% en comparaison avec le gain optimal sans contraintes de risque).

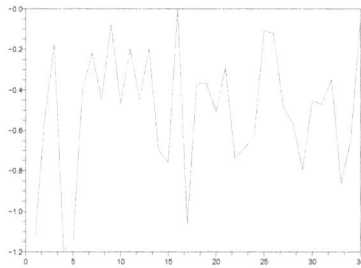

FIG. 4.2 – Dépassement des contraintes de *CVaR*, pour $\theta = 4$

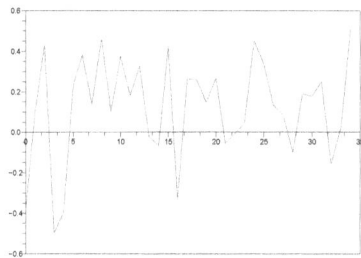

FIG. 4.3 – Dépassement des contraintes de *CVaR*, pour $\theta = 10$

Conclusion et perspectives

Dans la première partie de ce manuscrit, nous avons tout d'abord fait une synthèse de l'état de l'art sur la prise en compte du risque. Nous avons alors distingué l'approche "ingénieur" de l'approche "économiste". Nous avons ensuite montré l'équivalence entre un problème d'optimisation stochastique sous une contrainte de risque et un problème économique du type maxmin. Ceci nous a permis d'introduire

- la notion de prime de contrainte qui mesure l'impact du niveau de contrainte sur le critère évalué à l'optimum,
- la notion d'aversion aux pertes sur un problème élémentaire de gestion de portefeuille financier.

Pour terminer nous avons proposé une classe de fonctions d'utilité pour prendre en compte le risque financier.

Dans la seconde partie de ce document, nous avons étudié la faisabilité (théorique et pratique) et l'impact sur les gains de production de la prise en compte des contraintes de risque financiers dans la gestion de production de l'électricité à l'horizon moyen terme.

Du point de vue théorique nous avons montré la compatibilité de la programmation dynamique avec la prise en compte d'un certain type de contraintes de risque. La dimension de l'état du système initial est conservée ; mais on manipule désormais une famille paramétrée d'équations de la programmation dynamique. En fait, pour traiter les contraintes de risque, il faut introduire des variables duales et des variables auxiliaires suite à la réécriture des contrainte de risque sous la forme de l'infimum espéré. Il faut alors résoudre deux nouveaux problèmes d'optimisation.

Du point de vue numérique, nous avons résolu un problème de gestion de production moyen terme avec prise en compte des marchés financiers. Nous avons considéré des pas

de temps de l'ordre de deux semaines sur un horizon de 18 mois. Nous avons proposé
deux méthodes :

1. la méthode de la programmation dynamique paramétrée qui nécessite un temps
   de calcul important et un calage délicat d'un algorithme de gradient ;

2. une approche par fonction d'utilité pour palier les inconvénients de la programmation dynamique paramétrée ; nous proposons alors une classe de fonctions d'utilité
   simples à manipuler numériquement et qui offre deux degrés de liberté : l'aversion
   aux pertes et le niveau à partir duquel on va distinguer les pertes des gains.

Pour trouver les paramètres d'aversion aux pertes θ et d'ancrage $-\eta$ de sorte que les
contraintes de risque soient raisonnablement satisfaites avec un gain pas trop faible,
les premières expérimentations numériques ont donné des résultats prometteurs. Il
faudra alors étudier les liens entre l'aversion aux pertes θ, l'ancrage $-\eta$ et le niveau de
contrainte de risque γ.

Annexe A

Axiomes et paradoxes en contexte de risque ou d'incertitude

Cadre axiomatique en contexte de risque

Les axiomes de von Neumann et Morgenstern

Soit $\mathcal{P}_d(\mathbb{R})$ l'ensemble des loteries (voir Définition 1.14) définies sur $\mathbb{R}$ et $\succeq$ une relation d'ordre sur $\mathcal{P}_d(\mathbb{R})$. Les axiomes sur lesquels repose le modèle de l'utilité espérée de von Neumann et Morgenstern sont les suivants.

A1. "$\succeq$" est un préordre total, *i.e.* réflexive, transitive et complète[1].

A2. *Continuité* : "$\succeq$" est continue au sens de Jensen [10], *i.e.* $\forall s, q, r \in \mathcal{P}_d(\mathbb{R})$ tel que $s \geq q \geq r$,

$$\exists \alpha, \beta \in [0; 1[\text{ tels que } \alpha s + (1 - \alpha)r \succ r \text{ et } q \succ \beta q + (1 - \beta)r.$$

A3. *Indépendance* : $\forall s, q, r \in \mathcal{P}_d(\mathbb{R})$,

$$\forall \alpha \in]0; 1] \quad s \succeq q \iff \alpha s + (1 - \alpha)r \succeq \alpha q + (1 - \alpha)r.$$

Les axiomes $A1$ et $A2$ sont des axiomes techniques tandis que l'axiome $A3$ constitue le noyau du modèle de l'utilité espérée. L'interprétation de cet axiome est la suivante : si

---

[1]La relation "$\succeq$" est complète si et seulement si $\forall s, q \in \mathcal{P}_d(\mathbb{R}) \quad s \succeq q$ ou $q \succeq s$.

le décideur préfère s à q et qu'il doit faire un choix entre les mixages[2] $\alpha s + (1 - \alpha)r$
et $\alpha q + (1 - \alpha)r$ alors il tient le raisonnement qui suit. Si un événement de probabilité
$(1 - \alpha)$ se produit, il obtient la même loterie r indépendamment de son choix, alors
que si l'événement complémentaire se produit, il a le choix entre les loteries s et q et
comme il préfère s à q alors il préfère $\alpha s + (1 - \alpha)r$ à $\alpha q + (1 - \alpha)r$.

Le principe de la chose sûre comonotone dans le risque

L'axiome de la chose sûre comonotone dans le risque permet d'expliquer les comportements observés dans le paradoxe d'Allais. Cet axiome s'énonce de la façon suivante.

A4. Axiome de la chose sûre comonotone dans le risque. Soit deux loteries $s = (x_1, p_1; \ldots; x_n, p_n)$ et $q = (x_1, q_1; \ldots; x_n, q_n)$ telles que : $x_1 \leq \ldots \leq x_n$ et $y_1 \leq \ldots \leq y_n$
avec $x_{k_0} = y_{k_0}$ pour un certain $k_0 \in]1; n[$. Soit s' et q' les loteries obtenues en remplaçant
x_{k_0} par un x'_{k_0} qui vérifie : $x_{k-1} \leq x'_{k_0} \leq x_{k+1}$, $y_{k-1} \leq x'_{k_0} \leq y_{k+1}$. Alors on a

$$s \succcurlyeq q \Longleftrightarrow s' \succcurlyeq q'.$$

Ceci signifie que la modification de la conséquence commune de deux loteries ne change
pas l'ordre des préférences si les changements apportés respectent l'ordre préétabli sur
les conséquences.

Afin de mieux comprendre cet axiome, nous considérons les loteries décrites sur la
Figure A.1.

Dans cet exemple, le passage des loteries L_1 et L_2 aux loteries L_3 et L_4 correspond à
un changement d'une valeur commune. Par contre ce changement ne préserve pas le
rang de la conséquence commune. En fait, la conséquence commune 1 dans les loteries
L_1 et L_2 correspond à une valeur intermédiaire. Tandis que la conséquence commune
0 dans les loteries L_3 et L_4 correspond à une valeur de premier rang (la plus petite
conséquence possible). Les loteries L_1, L_2, L_3 et L_4 ne satisfont donc pas aux conditions
d'application de l'axiome $A4$.

---

[2]L'opération de mixage est particulière et s'interprète dans le cas discret de manière simple. Soient
s et q deux éléments de $\mathcal{P}_d(\mathbb{R})$. Alors la loi $r = \alpha s + (1 - \alpha)q$ s'interprète comme une loi à deux étapes :
lors de la première étape, les lois s et q sont tirées avec les probabilités α et $1 - \alpha$, lors de la seconde
étape une conséquence est choisie selon la loi de probabilité sélectionnée à la première étape.

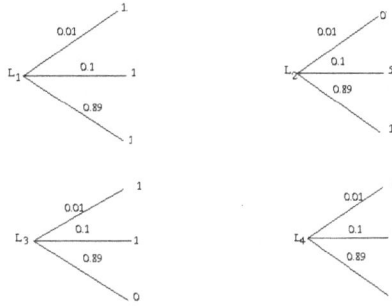

FIG. A.1 – Loteries

Cadre axiomatique en contexte d'incertitude

Soit Ω l'ensemble des états de la nature et $\mathcal{F}$ une sigma-algèbre de Ω. En cas d'incertitude, on peut formaliser le problème de décision en travaillant sur des applications mesurables de $(\Omega, \mathcal{F})$ à valeurs dans $\mathbb{R}$, noté Ξ muni de la relation de préférence $\succcurlyeq$.

Le principe de la chose sûre

Le modèle de Savage repose essentiellement sur l'axiome de la chose sûre, qui s'énonce de la manière suivante.

A5. *Axiome de la chose sûre.* Soit A une partie de Ω et soit X, X', Y et Y' des éléments de Ξ. Supposons que $\forall \omega \in A \ X(\omega) = X'(\omega)$, $Y(\omega) = Y'(\omega)$ et $\forall \omega \in \bar{A}$, $X(\omega) = Y(\omega)$, $X'(\omega) = Y'(\omega)$. Alors on a

$$X \succcurlyeq Y \Longleftrightarrow X' \succcurlyeq Y'.$$

Intuitivement, cet axiome exprime le fait que si l'on modifie de la même manière la partie commune de deux décisions, on ne modifie pas l'ordre des préférences sur ces décisions.

Le principe de la chose sûre comonotone dans l'incertain

L'axiome de la chose sûre comonotone s'énonce de la façon suivante.

A6. *Axiome de la chose sûre comonotone dans l'incertain.* Considérons $(A_k)_{k=1}^n$ une partition de Ω, $s = (x_1, A_1; \ldots; x_n, A_n)$ et $q = (y_1, A_1; \ldots; y_n, A_n)$ deux éléments de

$\mathcal{P}_d(\mathbb{R})$ tels que

$$x_1 \leq \ldots \leq x_n \text{ et } y_1 \leq \ldots \leq y_n \text{ avec } x_{k_0} = y_{k_0} \text{ pour un certain } k_0 \in]1; n[\,.$$

Soient s' et q' deux éléments de $\mathcal{P}_d(\mathbb{R})$ obtenus en remplaçant x_{k_0} par n'importe quelle autre valeur commune qui garde la même place dans les suites croissantes x_k et y_k. Alors on a

$$s \succcurlyeq q \Longleftrightarrow s' \succcurlyeq q'\,.$$

Pour comprendre le sens de cet axiome, nous renvoyons au paradoxe d'Ellsberg donné plus loin.

Le principe d'indépendance comonotone

Dans le cas où l'ensemble des conséquences devient un ensemble de lois de probabilité [3] à support fini sur $\mathbb{R}$, noté $\mathcal{P}_c(\mathbb{R})$, l'axiome de la chose sûre comonotone dans l'incertain est remplacé par l'*axiome d'indépendance comonotone*.

A7. *Axiome d'indépendance comonotone.* Soient s, q et r des éléments de $\mathcal{P}_c(\mathbb{R})$ deux à deux comonotones et $\alpha \in [0,1]$. Alors on a l'équivalence

$$s \succcurlyeq q \Longleftrightarrow \alpha s + (1-\alpha)r \succcurlyeq \alpha q + (1-\alpha)r\,.$$

Cet axiome signifie que l'ordre des préférences sur les loteries deux à deux comonotones reste le même si on passe à des α mixages.

Le principe d'indépendance certaine

En contexte d'incertitude, l'axiome d'indépendance de von Neumann et Morgenstern est remplacé par le principe d'indépendance certaine.

A8. *Axiome d'indépendance certaine.* Pour deux éléments s, q appartenant à $\mathcal{P}_c(\mathbb{R})$ et δ une conséquence certaine, pour tout $\alpha \in]0,1[$, on a

$$s \succ q \Longrightarrow \alpha s + (1-\alpha)\delta \succ \alpha q + (1-\alpha)\delta\,.$$

Ainsi si une loterie est strictement préférée à une autre alors tout α mixage avec une conséquence certaine va respecter l'ordre. Cet axiome est plus faible que l'axiome d'indépendance comonotone car la modification commune apportée n'est pas aléatoire.

---

[3]Ce cadre axiomatique où les conséquences sont des lois de probabilité à support fini sur $\mathbb{R}$ a été introduit par Ascombe et Aumann dans [6].

Le principe de l'aversion à l'incertitude

A9. Axiome de l'aversion à l'incertitude. Soient s et q deux éléments de $\mathcal{P}_c(\mathbb{R})$ et $\alpha \in]0,1[$. Alors on a

$$s \sim q \implies \alpha s + (1-\alpha)q \succcurlyeq s .$$

L'interprétation est simple : pour deux loteries équivalentes, le décideur averse à l'incertitude préfère un α mixage des deux.

Le principe de *best outcome independence*

Soit x^* un élément de $\mathbb{R}$ tel que $\delta_{x^*} \succcurlyeq s$, pour tout s appartenant à $\mathcal{P}_d(\mathbb{R})$.

A9. Axiome de best outcome independence. Soient s et q deux éléments de $\mathcal{P}_d(\mathbb{R})$ et $\alpha \in]0,1[$. Alors on a

$$s \succ q \iff \alpha s + (1-\alpha)\delta_{x^*} \succ \alpha q + (1-\alpha)\delta_{x^*}$$

Sous cet axiome, les choix des décideurs s'opèrent indépendamment de la meilleure conséquence certaine $x^\star$.

Les paradoxes célèbres en contexte de risque ou d'incertitude

Le paradoxe d'Allais

L'expérience d'Allais [3], décrite ci-dessous est l'un des premiers paradoxes montrant les limites du modèle de l'utilité espérée objective de von Neumann et Morgenstern. Allais propose à des individus de choisir entre les loteries de la Figure A.2.

Les individus, dans leur majorité, préfèrent L_1 à L_2. Et lorsque ces même individus doivent faire le choix entre les deux dernières loteries, alors la majorité choisit L_2'. Ces choix sont en contradiction avec l'axiome d'indépendance. En effet, soit s la loterie qui donne 1 avec probabilité 1 et q la loterie qui donne 0 avec probabilité 1/11 et 5 avec probabilité 10/11. Le problème de choix décrit précédemment peut alors être formalisé

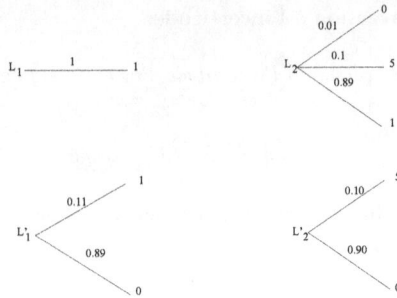

FIG. A.2 – Loteries associées au Paradoxe d'Allais

de la manière suivante :

$$
\begin{aligned}
L_1 &= 0,11s + 0,89\delta_1 \,, \\
L_2 &= 0,11q + 0,89\delta_1 \,, \\
L_1' &= 0,11s + 0,89\delta_0 \,, \\
L_2' &= 0,11q + 0,89\delta_0 \,,
\end{aligned}
$$

où δ_x est la loterie qui donne x avec probabilité 1. Les préférences observées se traduisent alors par les relations : $L_1 \succcurlyeq L_2$ et $L_2' \succcurlyeq L_1'$; ce qui constitue une contradiction avec l'axiome d'indépendance de von Neumann et Morgenstern. On pourra consulter [49] pour d'autres exemples.

Le paradoxe d'Ellsberg

Ellsberg présente à des individus le jeu suivant : une urne contient 90 boules indistinguables au toucher (30 rouges (R) et 60 noires (N) ou jaunes (J)). Le joueur doit ranger ses préférences par rapport aux deux actes[4]
  – g_1 obtenir une boule rouge (R),
  – g_2 obtenir une boule noire (N),
d'une part et d'autre part, par rapport aux actes
  – g_3 obtenir (R∪J),

---

[4]Un acte désigne une application mesurabe de Ω à valeurs dans $\mathbb{R}$, *i.e.* un élément de l'ensemble Ξ.

   – g_4 obtenir (N∪J).

Les gains engendrés sont récapitulés dans le tableau suivant :

	Rouge	Noire	Jaune
g_1	100	0	0
g_2	0	100	0
g_3	100	0	100
g_4	0	100	100

L'incertitude est modélisée par l'ensemble des états de la nature (boule tirée) noté $\Omega = \{R, N, J\}$ et l'ensemble des actes par les applications $g : \Omega \longrightarrow \mathbb{R}$ (l'ensemble d'arrivée correspond aux gains obtenus). L'expérience montre que : $g_1 \succ g_2$ et $g_4 \succ g_3$, ce qui constitue une violation du principe de la chose sûre de Savage. En effet, les préférences devraient rester les mêmes si on modifie la valeur commune 0 dans les actes g_1 et g_2 pour obtenir les actes g_3 et g_4. La notion de probabilité subjective ne permet pas non plus de remédier à cette limite du cadre axiomatique de la théorie de l'utilité espérée subjective. Supposons qu'il existe des probabilités subjectives p_R, p_N et p_J associées respectivement aux événements (R), (N) et (J). Alors $g_1 \succ g_2$ implique $p_R > p_N$ et $g_4 \succ g_3$ implique $p_N + p_J > p_R + p_J$. Cette dernière inégalité est impossible, d'où la contradiction.

Par contre les comportements observés dans l'expérience d'Ellsberg sont facilement explicables. Les individus doivent choisir entre la décision ($d1$) parier sur un événement de probabilité égale à $\frac{1}{3}$ et ($d2$) parier sur un événement de probabilité comprise entre 0 et $\frac{2}{3}$. Ils doivent ensuite choisir entre les décisions ($d3$) parier sur un événement de probabilité comprise entre $\frac{1}{3}$ et 1 et ($d4$) parier sur un événement de probabilité $\frac{2}{3}$. Dans les deux cas, les décideurs préfèrent les événements de probabilité connue, c'est-à-dire non ambigüe. Ceci traduit l'*aversion pour l'incertain*.

Annexe B

Algorithme d'Arrow-Hurwicz

Nous allons présenter un cadre général d'application d'un algorithme d'Arrow-Hurwicz pour un problème sous contrainte de risque. Pour cela on va considérer le problème d'optimisation suivant :

$$\inf_{\mathsf{a} \in \mathbb{A}^{ad}} L(\mathsf{a}), \quad \text{s.c.} \quad \mathcal{R}(L(\mathsf{a})) \leq \gamma, \tag{B.1}$$

où $L(\mathsf{a})$ est une variable aléatoire et $\mathbb{A}^{ad}$ un convexe fermé de $\mathbb{A} = \mathbb{R}^n$.

Le Lagrangien du problème (B.1) s'écrit :

$$\mathcal{L}(\mathsf{a}, \lambda) = L(\mathsf{a}) + \lambda \left(\mathcal{R}(L(\mathsf{a})) - \gamma \right), \quad \text{avec} \quad \lambda \in \mathbb{R}_+. \tag{B.2}$$

Sous l'hypothèse d'existence de point-selle de $\mathcal{L}$, le problème dual à résoudre est alors

$$\sup_{\lambda \in \mathbb{R}_+} \inf_{\mathsf{a} \in \mathbb{A}^{ad}} \mathcal{L}(\mathsf{a}, \lambda). \tag{B.3}$$

L'algorithme d'*Arrow-Hurwicz* consiste à choisir une direction de descente pour la minimisation et une direction de montée pour la maximisation et à faire évoluer les variables a et λ en effectuant des pas de gradient sur la fonction $\mathcal{L}$ (on suppose que $\mathcal{L}$ est différentiable en a). Des résultats de convergence pour ce type d'algorithme sont obtenus dans [4].

Algorithme B.1

1. *Choisir des valeurs initiales $\mathsf{a}^0 \in \mathbb{A}^{ad}$ et $\lambda^0 \in \mathbb{R}_+$.*

2. *Calculer les gradients de $\mathcal{L}$ par rapport à a et λ.*

3. Remettre à jour a *et* λ *par :*

$$a^{k+1} = \Pi_{\mathbb{A}^{ad}}\left(a^k - \varepsilon\frac{\partial \mathcal{L}}{\partial a}(a^k, \lambda^k)\right), \quad \lambda^{k+1} = \Pi_{\mathbb{R}_+}\left(\lambda^k + \beta\frac{\partial \mathcal{L}}{\partial \lambda}(a^{k+1}, \lambda^k)\right). \quad \text{(B.4)}$$

4. Incrémenter l'indice k *de* 1 *et revenir à l'étape de mise à jour.*

5. Faire des tests d'arrêt sur a *et* λ.

Annexe C

Quelques compléments sur le problème de gestion de production

Modèle de prix à deux facteurs

Les processus de prix *forward* sont supposés continus et représentés par des modèles gaussiens avec retour à la moyenne. En temps continu, nous supposons que les prix *forward* à une date t pour une maturité T, notés $F(t,T)$ et définis sur l'espace de probabilité filtré $(\Omega, \mathcal{F}, (\mathcal{F})_{t \in [0,T]}, \mathbb{P})$, vérifient l'équation différentielle stochastique suivante :

$$
\begin{cases}
\frac{\mathrm{d}F(t,T)}{F(t,T)} = \kappa_S(t)\sigma_S(t)e^{-a_S(T-t)}\mathrm{d}t + \sigma_S(t)e^{-a_S(T-t)}\mathrm{d}z_S(t) + \kappa_M(t)\sigma_M(t)\mathrm{d}t + \sigma_M(t)\mathrm{d}z_M(t), \\
F(t_0, T) = F_{t_0} \in L^2(\Omega, \mathcal{F}, \mathbb{P}).
\end{cases}
$$

$$(\text{C.1})$$

Ce modèle permet de corréler les prix court et moyen terme[1].

Les variables κ_S et κ_M représentent les primes de risque associés respectivement aux marchés court et moyen terme. Le paramètre de retour à la moyenne est noté a_S. Les volatilités court et moyen terme sont données par σ_S et σ_M. Les mouvements Browniens définis sur l'espace de probabilité $(\Omega, \mathcal{F}, \mathbb{P})$ associés à l'équation (C.1) sont z_S et z_M,

---

[1]Le modèle (C.1) s'inspire des modèles de courbe de taux d'intérêts (voir Brigo et Mercurio [12], Rebonato [38]) ; sur les marchés de l'énergie EDF dispose d'estimations statistiques des différents paramètres de ce modèle (dans le cas où ces paramètres sont des constantes).

et sont supposés corrélés de coefficient ϱ. Formellement on note

$$\mathrm{d}z_S(t)\mathrm{d}z_M(t) = \varrho\mathrm{d}t\,, \; -1 \le \varrho \le 1\,. \tag{C.2}$$

Connaissant $F(t_0, T)$, on va déterminer la solution de l'équation différentielle stochastique (C.1). En simplifiant l'écriture de l'équation différentielle stochastique (C.1), on obtient

$$\frac{\mathrm{d}F(t,T)}{F(t,T)} = x(t)\mathrm{d}t + \sigma_S(t)e^{-a_S(T-t)}\mathrm{d}z_S(t) + \sigma_M(t)\mathrm{d}z_M(t)\,, \tag{C.3}$$

avec $x(t) := \kappa_S(t)\sigma_S(t)e^{-a_S(T-t)} + \kappa_M(t)\sigma_M(t)$, où (pour les détails techniques on pourra consulter par exemple Brigo et Mercurio [12])

$$
\begin{aligned}
F(t,T) \;=\; & F(t_0,T)\exp\Big(\int_{t_0}^{t} \big(x(\tau) - \frac{1}{2}(\sigma_S(\tau)e^{-a_S(T-\tau)} + \sigma_M(\tau))^2\big)\mathrm{d}\tau + \\
& \sigma_S(\tau)e^{-a_S(T-\tau)}\mathrm{d}z_S(\tau) + \sigma_M(\tau)\mathrm{d}z_M(\tau) + \mathrm{d} < F(t,T) >_\tau \Big)\,. \quad\text{(C.4)}
\end{aligned}
$$

La solution de l'équation (C.4) est alors donnée par

$$F(t,T) = F(t_0,T)e^{-\frac{1}{2}V(t_0,t,T)+B(t_0,t)+e^{a_S(T-t)}W_S(t_0,t)+W_L(t_0,t)}\,, \tag{C.5}$$

avec

$$
\begin{cases}
V(t_0,t,T) = \int_{t_0}^{t} \big(\sigma_S^2(\tau)e^{-2a_S(T-\tau)} + \sigma_M^2(\tau) - 2\varrho\sigma_S(\tau)e^{-a_S(T-\tau)}\sigma_M(\tau)\big)\mathrm{d}\tau\,, \\[2mm]
B(t_0,t) = \int_{t_0}^{t} \big(\kappa_S(\tau)\sigma_S(\tau)e^{-a_S(T-\tau)} + \kappa_M(\tau)\sigma_M(\tau)\big)\mathrm{d}\tau\,, \\[2mm]
W_S(t_0,t) = \int_{t_0}^{t} \sigma_S(\tau)\mathrm{d}z_S(\tau)\,, \\[2mm]
W_M(t_0,t) = \int_{t_0}^{t} \sigma_M(\tau)\mathrm{d}z_M(\tau)\,.
\end{cases}
\tag{C.6}
$$

Les prix *spot* se déduisent des prix *forward* en posant $T = t$ dans l'équation (C.5).

Modèle de demande

La production d'électricité et les contrats échangés sur le marché *spot* et sur le marché à terme doivent satisfaire une demande. En temps continu, cette demande est modélisée par un processus de diffusion à un facteur avec retour à la moyenne :

$$\begin{cases} \frac{\mathrm{d}D(t)}{D(t)} = \kappa_D(t)e^{-a_D t}\mathrm{d}t + \sigma_D(t)\mathrm{d}z_D(t), \\ D(t_0) = D_{t_0} \in L^2(\Omega, \mathcal{F}, \mathbb{P}) . \end{cases} \quad (\mathrm{C}.7)$$

Un raisonnement similaire au raisonnement précédent permet alors d'écrire l'équation de diffusion du processus de demande

$$D(t) = D(t_0)e^{\int_{t_0}^{t}\left(\kappa_D(\tau)e^{-a_D \tau} - \frac{1}{2}\sigma_D^2(\tau)\right)\mathrm{d}\tau + \sigma_D(\tau)\mathrm{d}z_D(\tau)} . \quad (\mathrm{C}.8)$$

Dans l'équation (C.8), $D(t_0)$ est une constante et désigne la valeur moyenne de la demande historique, σ_D et a_D les coefficients de volatilité et de retour à la moyenne et enfin z_D un mouvement Brownien supposé corrélé au mouvement Brownien du facteur court terme du modèle de prix *futures* ; on note par ϱ_D le coefficient de corrélation.

Les différents coefficients de retour à la moyenne et de volatilité estimés en données journalières sont les suivants :

$$a_S = 0.012 \quad \sigma_S = 0.04 \quad \sigma_M = 0.008 \quad \varrho = 0.02$$
$$a_D = 2.4 \quad \sigma_D = 0.02 \quad \varrho_D = 0.5 .$$

Paramètres du problème de gestion de production

Le Tableau C.1 donne les paramètres du problème de gestion de production (4.18) traité au Chapitre 4. Pour simplifier la résolution du problème, les pannes de production sont supposées déterministes dans les expériences numériques.

Nbre de réserves hydr.	1 réservoir
Nbre d'actifs therm.	1 unité
Nbre de contrat	1 contrat
Pas de temps	2 sem.
Horizon de l'optimisation	18 mois

TAB. C.1 – Paramètres du problème (4.18)

Annexe D

Rappels d'optimisation et d'analyse convexe

Notions de convexité et de dérivabilité

Ensemble convexe. Soit $\mathcal{H}$ un espace de Hilbert muni du produit scalaire $< \cdot, \cdot >$. Soit un ensemble $H \subset \mathcal{H}$.

Définition D.1 *Convexité et stricte convexité.* L'ensemble H est dit
  – convexe si et seulement si

$$\forall\, \mathsf{a}_1, \mathsf{a}_2 \in H,\, \forall\, p \in [0,1],\ p\mathsf{a}_1 + (1-p)\mathsf{a}_2 \in H\,, \tag{D.1}$$

  – strictement convexe si et seulement si

$$\forall\, \mathsf{a}_1, \mathsf{a}_2 \in H,\, \forall\, p \in\,]0,1[,\ p\mathsf{a}_1 + (1-p)\mathsf{a}_2 \in int(H)\,. \tag{D.2}$$

Proposition D.2 *Opérateur de projection. Supposons que $H \subset \mathcal{H}$ est un convexe fermé. Pour tout $\mathsf{a} \in \mathcal{H}$, le problème $\min\limits_{v \in H} \dfrac{1}{2} \parallel \mathsf{a} - v \parallel^2$ a une unique solution, appelée projection de a sur H et notée $\Pi_H(\mathsf{a})$.*

Démonstration. Voir [38]. □

La proposition D.3 donne différentes caractérisations de la convexité.

Proposition D.3 *Supposons que $H \subset \mathcal{H}$ est un convexe fermé. Alors on a*
  – *pour tout $\mathsf{a} \in \mathcal{H}$, v_a est la projection de a sur H si et seulement :*

$$\forall\, v \in H,\quad < \mathsf{a} - v_\mathsf{a}, v - v_\mathsf{a} > \,\leq 0\,, \tag{D.3}$$

– *pour tout* a_1, $a_2 \in \mathcal{H}$:

$$\parallel \Pi_H(a_1) - \Pi_H(a_2) \parallel^2 \leq < \Pi_H(a_1) - \Pi_H(a_2), a_1 - a_2 > . \qquad (D.4)$$

Il existe des résultats intermédiaires entre un convexe fermé et un sous-espace vectoriel.

Définition D.4 *Cône.* On appelle cône de $\mathcal{H}$ tout sous-ensemble K tel que

$$a \in K \Rightarrow \lambda a \in K, \quad \forall \lambda \in \mathbb{R}_+ . \qquad (D.5)$$

Définition D.5 *Cône polaire.* Soit $K \subset \mathcal{H}$ un cône convexe. Le cône polaire de K noté K^o est défini par

$$K^o := \{a \in \mathcal{H} \mid \forall v \in K, < a, v >_\mathcal{H} \leq 0\} . \qquad (D.6)$$

Proposition D.6 *Soit $K \subset \mathcal{H}$ un cône convexe fermé. Soit $a \in \mathcal{H}$. Alors $v = \Pi_K(a)$ si et seulement si :*

$$v \in K, \ a - v \in K^o \ et \ < a - v, v > = 0 . \qquad (D.7)$$

Démonstration. Voir [38].   □

Fonction convexe.   Soit $f : \mathcal{H} \to \mathbb{R}$ une application.

Définition D.7 *Épi-graphe.* On appelle épi-graphe de la fonction f, noté epi(f), l'ensemble défini par

$$\mathrm{epi}(f) := \{(a, r) \in \mathcal{H} \times \mathbb{R} \mid f(a) \leq r\} . \qquad (D.8)$$

Définition D.8 *Domaine d'une fonction.* On appelle domaine de f, noté dom(f), la projection de epi(f) sur $\mathcal{H}$:

$$\mathrm{dom}(f) := \{a \in \mathcal{H} \mid \exists r \in \mathbb{R}, \ f(a) \leq r\} . \qquad (D.9)$$

Définition D.9 *Fonction s.c.i.* On dit que l'application $f : \mathcal{H} \to \mathbb{R}$ est semi-continue inférieurement si et seulement si

$$\forall a \in \mathcal{H}, \quad f(a) \leq \liminf_{v \to a} f(v) . \qquad (D.10)$$

Définition D.10 *Fonction s.c.s.* On dit que l'application $f : \mathcal{H} \to \mathbb{R}$ est semi-continue supérieurement si et seulement si

$$\forall \mathbf{a} \in \mathcal{H}, \quad f(\mathbf{a}) \geq \limsup_{v \to \mathbf{a}} f(v) \,. \tag{D.11}$$

Toute fonction qui est à la fois s.c.i et s.c.s est continue.

Définition D.11 *Section inférieure.* On appelle section inférieure de l'application f, noté $S(f, r)$, l'ensemble défini par

$$S(f, r) := \{ \mathbf{a} \in \mathcal{H}, \quad f(\mathbf{a}) \leq r \} \,. \tag{D.12}$$

Les notions de semi-continuité, d'épigraphe et de section sont liées comme le montre le Lemme D.12.

Lemme D.12 *Soit l'application $f : \mathcal{H} \to \mathbb{R}$. Les assertions suivantes sont équivalentes.*

1. f est s.c.i.

2. $\text{epi}(f)$ est un fermé.

3. $\forall r \in \mathbb{R}, \quad S(f, r)$ est un fermé.

Démonstration. Voir [ ].   □

Définition D.13 *Coercivité.* Soit l'application $f : \mathcal{H} \to \mathbb{R}$. L'application f est dite coercive sur l'ensemble $\mathcal{H}$ si et seulement si $\lim\limits_{\|\mathbf{a}\| \to +\infty} f(\mathbf{a}) = +\infty$.

Il existe plusieurs notions de convexité et de dérivabilité. Nous listons ici les plus connues.

Définition D.14 *Fonctions convexes.* L'application $f : \mathcal{H} \to \mathbb{R}$ est dite
  – propre si elle vérifie : $\text{dom}(f) \neq \emptyset$;
  – convexe si et seulement si son épigraphe est convexe ;
  – strictement convexe si et seulement $\text{epi}(f)$ est strictement convexe ;
  – fortement convexe de module $r \in \mathbb{R}$ si et seulement l'application
    $\mathbf{a} \mapsto f(\mathbf{a}) - \frac{r}{2} \| \mathbf{a} \|^2$ est convexe.

Proposition D.15 *L'application $f : \mathcal{H} \to \mathbb{R}$ est*

– *convexe si et seulement si*

$$\forall a_1, a_2 \in \mathcal{H}, \forall p \in [0,1], \quad f(p a_1 + (1-p) a_2) \le p f(a_1) + (1-p) f(a_2) \; ; \quad (D.13)$$

– *strictement convexe si et seulement si*

$$\forall a_1, a_2 \in \mathcal{H}, \forall p \in]0,1[, \quad f(p a_1 + (1-p) a_2) < p f(a_1) + (1-p) f(a_2) \; ; \quad (D.14)$$

– *fortement convexe de module* $r \in \mathbb{R}$ *si et seulement* $\forall a_1, a_2 \in \mathcal{H}, \forall p \in [0,1]$,

$$f(p a_1 + (1-p) a_2) \le p f(a_1) + (1-p) f(a_2) - \frac{rp(1-p)}{2} \parallel a_1 - a_2 \parallel^2 \; . \quad (D.15)$$

Démonstration. Voir [38].   □

Définition D.16 *Dérivées directionnelles et différentiabilité.* Soit $f : \mathcal{H} \to \mathbb{R}$ une application.

1. On appelle dérivée directionnelle de f en a dans la direction du point $v \in \mathcal{H}$, notée $f'(a,v)$ le scalaire

$$f'(a,v) := \inf_{t \in \mathbb{R}_+} \frac{f(a+tv) - f(a)}{t} \; . \quad (D.16)$$

On dit alors que f est *directionnellement différentiable* si elle l'est dans toutes les directions.

2. On dit que f est *différentiable* en $a \in \mathcal{H}$ s'il existe $x_a \in \mathcal{H}$ tel que

$$\forall a \in \mathcal{H}, \quad f'(a,v) = <x_a, v> \; . \quad (D.17)$$

L'élément x_a est appelé *gradient* de f en a et est noté $\nabla f(a)$.

Remarque D.17 Si f est convexe alors pour tout $a \in \text{dom}(f)$ et tout $v \in \mathcal{H}$, l'application

$$t \mapsto \varphi(t) := \frac{f(a+tv) - f(a)}{t} \quad (D.18)$$

est croissante sur $]0, +\infty[$.

Définition D.18 *Sous différentiablité.* Supposons que $f : \mathcal{H} \to \mathbb{R}$ est une application convexe propre.

1. On appelle *sous-différentiel* de f en $a \in \mathcal{H}$, l'ensemble

$$\partial f(a) := \{x \in \mathcal{H} \mid \forall v \in \mathcal{H}, \quad f(v) \geq f(a) + <x, v - a>\}. \tag{D.19}$$

2. On appelle *sous-gradient* de f en a tout élément de $\partial f(a)$.

3. L'application f est dite *sous-différentiable* en a si $\partial f(a) \neq \emptyset$.

Les Théorèmes D.19 et D.20 permettent de caractériser le sous-gradient d'une fonction convexe.

Théorème D.19 *Soit $f : \mathcal{H} \to \mathbb{R}$ une application convexe. Soit $a \in \mathrm{dom}(f)$. Alors $x \in \mathcal{H}$ est un sous-gradient de f en a si et seulement si*

$$\forall v \in \mathcal{H}, \quad f'(a, v) \geq <x, v>. \tag{D.20}$$

Démonstration. Voir [ ]. □

Théorème D.20 *Soit $f : \mathcal{H} \to \mathbb{R}$ une application convexe. Soit $a \in \mathrm{dom}(f)$. Si f est différentiable en a alors $\nabla f(a)$ est l'unique sous-gradient de f en a et en particulier*

$$\forall v \in \mathcal{H}, \quad f(v) \geq f(a) + <\nabla f(a), a - v>. \tag{D.21}$$

Démonstration. Voir [ ]. □

Optimisation convexe

Soit une application $f : \mathcal{H} \to \mathbb{R}$. Considérons le problème d'optimisation suivant.

$$\min_{a \in H^{ad} \subset \mathcal{H}} f(a). \tag{D.22}$$

Lemme D.21 Existence de solution. *Si f est convexe, s.c.i et coercive sur H^{ad} et si H^{ad} est un convexe fermé alors le problème (D.22) admet une solution. Si f est strictement convexe alors cette solution est unique.*

Démonstration. Voir [ ]. □

Les Théorèmes D.22 et D.23 donnent les conditions d'existence de point-selle et d'optimalité d'un point donné.

Théorème D.22 Existence de point-selle. *Soit* $\Phi : \mathbb{R}^n \times \mathbb{R}^m \to \mathbb{R} \cup \{-\infty\} \cup \{+\infty\}$ *une fonction convexe-concave* [1] *et s.c.i.-s.c.s.* [2]. *Soit* $\mathbb{Y}$ *et* $\mathbb{Z}$ *deux sous ensembles convexes et fermés de* $\mathbb{R}^n$ *et* $\mathbb{R}^m$, *respectivement. Supposons qu'il existe* $(y^\star, z^\star) \in \mathbb{Y} \times \mathbb{Z}$ *tel que*

$$\begin{cases} \Phi(y^\star, z) \to -\infty, & quand \ \|z\| \to +\infty \ et \ z \in \mathbb{Z} \\ \Phi(y, z^\star) \to +\infty, & quand \ \|y\| \to +\infty \ et \ y \in \mathbb{Y}. \end{cases}$$

Alors la fonction Φ *admet un point-selle dans* $(\bar{y}, \bar{z}) \in \mathbb{Y} \times \mathbb{Z}$:

$$\Phi(\bar{y}, z) \leq \Phi(\bar{y}, \bar{z}) \leq \Phi(y, \bar{z}) \quad \forall (y, z) \in \mathbb{Y} \times \mathbb{Z}.$$

Démonstration. Voir Barbu et Precupanu [7, Chap. 2. Corollary 3.8]. $\qquad\qquad\square$

Théorème D.23 Conditions d'optimalité. *Supposons que* $f : \mathcal{H} \to \mathbb{R}$ *est différentiable sur* H^{ad} *un convexe fermé. Alors les assertions suivantes sont équivalentes.*

- $a^\sharp \in H^{ad}$ *minimise* f *sur* H^{ad}.
- *Pour tout* $a \in H^{ad}$, $< \nabla f(a^\sharp), a - a^\sharp > \geq 0$.
- $0 \in \partial f(a^\sharp) + K^o_{H^{ad}}(a^\sharp)$ *avec* $K^o_{H^{ad}}(a^\sharp) := \left\{ x \in \mathcal{H} \mid \forall a \in H^{ad} < x, a - a^\sharp > \leq 0 \right\}$.

Démonstration. Voir [38, IV, Theorem 4.1]. $\qquad\qquad\square$

Fonction conjuguée. Soit H un espace vectoriel normé. Soit une application $f : H \to] -\infty, +\infty]$.

Définition D.24 *Fonction conjuguée.* Supposons que f est propre. Soit H' l'espace dual de H.

- On appelle *conjuguée* de f, la fonction $f^\star : H' \to] -\infty, +\infty]$ définie par

$$\forall g \in H', \quad f^\star(g) = \sup_{a \in H} \{ g(a) - f(a) \} \tag{D.23}$$

- On appelle *bi-conjuguée* de f, la fonction $f^{\star\star} : H \to] -\infty, +\infty]$ définie par

$$\forall a \in H, \quad f^{\star\star}(a) = \sup_{g \in H'} \{ g(a) - f^\star(g) \} \tag{D.24}$$

---

[1] convexe par rapport à son premier argument, et concave par rapport à son second argument.
[2] semi-continue inférieurement par rapport à son premier argument et semi-continue supérieurement par rapport à son second argument.

Proposition D.25

1. *La fonction $f^\star : H' \to]-\infty, +\infty]$ est convexe s.c.i.*

2. *Soit f_1 et f_2 deux fonctions définies de H dans $]-\infty, +\infty]$. Si $f_1 \leq f_2$ alors $f_1^\star \geq f_2^\star$.*

3. *Si f est minorée par une fonction affine, alors $f^\star$ est propre. En particulier, la conjuguée d'une fonction s.c.i convexe propre est propre.*

Démonstration. 1. est une conséquence du fait que $f^\star$ est le suprémum de la famille de fonctions affines continues $g \mapsto g(\mathbf{a}) - f(\mathbf{a})$ pour $\mathbf{a} \in \mathrm{dom}(f)$.

2. est évident.

3. Soit $k(\mathbf{a}) := g(\mathbf{a}) - r$ une fonction affine qui minore f. Il est clair que $g(\mathbf{a}) - f(\mathbf{a})$ est majorée sur H par $-r$, donc $f^\star(g) \leq -r$. D'où f propre. $\quad\square$

Bibliographie

[1] M. Abdellaoui, H. Bleichrodt, and C. Paraschiv, *Loss aversion under prospect theory : a parameter-free measurement*, Management Science **53** (2007), no. 10, 1659–1674.

[2] M. Allais, *Le comportement de l'homme rationnel devant le risque : critique des postulats de l'école américaine*, Econometrica **21** (1924), 503–546.

[3] ———, *The general theory of random choices in relation of the invariant cardinal utility function and the specific probability function*, Risk, Decision and Rationality, Reidel, B. Munier ed., 1988, pp. 233–289.

[4] K. J. Arrow, L. Hurwicz, and H. Uzawa, *Studies in linear and non linear programming*, Standford University Press, 1972.

[5] P. Artzner, F. Delbaen, J.-M. Eber, and D. Heath, *Coherent measures of risk*, Mathematical Finance **9** (1999), 203–228.

[6] F. Ascombe and R. Aumann, *A definition of subjective probability*, Annals of Mathematical Statistics **34** (1963), 199–205.

[7] V. Barbu and T. Precupanu, *Convexity and optimization in Banach spaces*, D. Reidel Publishing Company, Bucarest, 1986.

[8] V. Bawa and E. Lindenberg, *Capital market equilibrium in a mean-lower partial moment framework*, Journal of Financial Economics **5** (1977), 189–200.

[9] F. Beaudouin, *Modeling of risk attitudes in maintenance management*, Tech. report, EDF R&D, 2001, HP-28/01/016/A.

[10] A. Ben-Tal and M. Teboulle, *Expected utility, penality functions and duality in stochastic nonlinear programming*, Management Science **32** (1986), no. 11, 1445–1446.

[11] ———, *An old-new concept of convex risk measures : the optimized certainty equivalent*, Mathematical Finance **17** (2007), no. 3, 449–476.

[12] D. Brigo and F. Mercurio, *Interest rate models : theory and practice*, Springer Finance, Heidelberg, 2001.

[13] P. Cheridito, F. Delbaen, and M. Kupper, *Dynamic monetary risk measures for bounded discrete-time processes*, arXiv :math.PR/0410453, October 2004.

[14] S. Chew and P. Wakker, *The economic sure-thing principle*, Journal of Risk and Uncertainty **12** (1996), 5–27.

[15] G. Cohen, *Convexité et optimisation*, Cours ENPC, Accessible par http://cermics.enpc.fr/~cohen-g/documents/Ponts-cours-A4-NB.pdf, 2000.

[16] ———, *Optimisation des grands systèmes*, Cours du DEA MMME, Paris 1, 2004, CERMICS-École Nationale des Ponts et Chaussées et INRIA.

[17] M. Cohen and J.-M. Tallon, *Décision dans le risque et l'incertain : l'apport des modèles non additifs*, Tech. report, EUREQua, Université de Paris 1, 2000.

[18] J.-C. Culioli, *Algorithmes de décomposition/coordination en optimisation stochastique*, Ph.D. thesis, École des Mines de Paris, Fontainebleau, France, 1987.

[19] J.-C. Culioli and G. Cohen, *Decomposition/coordination algorithms in stochastic optimization*, SIAM Journal of Control and Optimization **128** (1990), no. 6, 1372–1403.

[20] B. de Finetti, *La prévision : ses lois logiques, ses sources subjectives*, Annales de l'institut Henri Poincaré **7** (1937), no. 1, 1–68.

[21] J.-C. Dodu, M. Goursat, A. Hertz, J.-P. Quadrat, and M. Viot, *Méthodes de gradients stochastique pour l'optimisation des investissements dans un réseau électrique*, Tech. Report 2, Bulletin de la Direction des Études et de Recherche EDF, 1981, Série C.

[22] A. Eichhorn and W. Römisch, *Polyhedral risk measures in stochastic programming*, SIAM Journal of Optimization **16** (2005), no. 1, 6–95.

[23] D. Ellsberg, *Risk, ambiguity and the Savage axioms*, Quartely Journal of Economics **75** (1961), 643–669.

[24] L. Epstein and Z. Chen, *Ambiguity, risk and asset return in continuous time*, Econometrica **70** (2002), 1403–1443.

[25] L. Epstein and S. Zin, *Substitution, risk aversion and the temporal behavior of consumption and asset returns : a theoretical framework*, Econometrica **57** (1989), 937–969.

[26] A. Escaich, W. van Ackooij, J. Wirth, and J.P. Minier, *Outil SSPS : Description technique*, Tech. report, HR-31/05/024/B, 2006.

[27] P. Fishburn, *The foundations of expected utility*, Reidel, 1982.

[28] _____, *Non linear preference and utility theory*, The John Hopkins University Press, Baltimore, MD, 1988.

[29] P.C. Fishburn and G.A. Kochenberger, *Two-pieces von Neumann Morgenstern utility functions*, Decision Sciences **10** (1979), no. 4, 503–518.

[30] H. Föllmer and A. Schied, *Convex measures of risk and trading constraints*, Finance and Stochastics **6** (2002), 429–447.

[31] _____, *Stochastic finance : an introduction in discrete time*, Walter de Gruyter, Berlin - New York, 2002.

[32] P. Ghirardato, F. Maccheroni, and M. Marinacci, *Differentiating ambiguity and ambiguity attitude*, Economic Theory **118** (2004), 133–173.

[33] I. Gilboa, *Expected utility with purely subjective non-additive probabilities*, Journal of Mathematical Economics **16** (1987), 65–88.

[34] I. Gilboa and D. Schmeidler, *Maxmin expected utility with a non-unique prior*, Journal of Mathematical Economics **18** (1989), 141–153.

[35] C. Gollier, *The economics of risk and time*, MIT Press, Cambridge, 2001.

[36] P. Hammond, *Consequentialist foundations for expected utility*, Theory and Decision **25** (1988), 25–78.

[37] _____, *Consistent plans, consequentialist and expected utility*, Econometrica **57** (1989), no. 6, 1445–1449.

[38] J.-B. Hiriart-Urruty and C. Lemaréchal, *Convex analysis and minimizing algorithms I*, Springer Verlag, Berlin, 1996.

[39] N. A. Iliadis, M. V. F. Pereira, S. Granville, and L.-A. N. Barroso, *Benchmarking of financial indicators implemented in hydroelectric stochastic risk management models*, July, 2006.

[40] N. Jensen, *An introduction to Bernoullian utility theory : (I) utility functions*, Econometrica **2** (1967), 225–243.

[41] D. Kahneman and A. Tversky, *Prospect theory : an analysis of decision under risk*, Econometrica **47** (1979), 263–291.

[42] ———, *Advances in prospect theory : cumulative representation of uncertainty*, Journal of Risk and Uncertainty **5** (1992), no. 4, 297–323.

[43] F. H. Knight, *Risk, uncertain and profit*, Hart, Chaffner and Marx Prize Essays, 1921.

[44] ———, *The limitations of scientific method in economics*, pp. 97–181, Allen & Unwin, London, 1924, in The Ethics of Competition and Selected Essays.

[45] E. Lehmann, *Ordered families of distributions*, Annals of Mathematical Statistics **26** (1955), 399–419.

[46] F. Maccheroni, *Maxmin under risk*, Economic Theory **19** (2002), 823–831.

[47] M. Machina, *Expected utility analysis without the independence axiom*, Econometrica **50** (1982), 277–323.

[48] M. Mataoui, *Contributions à la décomposition et à l'aggrégation des problèmes variationnels*, Ph.D. thesis, École des Mines de Paris, 1990.

[49] J. Meyer, *Two moment decision models and E.U. maximization*, American Economic Review **77** (1987), 421–436.

[50] R. Nau, *Uncertainty aversion with second-order utilities and probabilities*, Management Science **52** (2006), no. 1, 136–145.

[51] W. Ogryczak and A. Ruszczynski, *From stochastic dominance to mean-risk model : semideviations as risk measures*, European Journal of Operational Research **116** (1999), 217–231.

[52] ———, *Dual stochastic dominance and related mean-risk models*, SIAM Journal of Optimization **13** (2002), 60–78.

[53] J.M.E Pennings and A. Smidts, *The shape of utility functions and organizational behavior*, Management Science **49** (2003), no. 3, 1251–1263.

[54] B. T. Polyak, *Convergence and convergence rate of iterative stochastic algorithms*, Automation and Remote Control **37** (1976), no. 37, 1858–1868.

[55] B. T. Polyak and Ya. Z. Tsypkin, *Adaptative estimation algorithms (convergence, optimality, stability)*, Automation and Remote Control **40** (1976), no. 3, 378–389.

[56] J. Pratt, *Risk aversion in the small and the large*, Swedish Journal of Economics **32** (1964), 122–136.

[57] J. Quiggin, *A theory of anticiped utility*, Journal of Economic Behavior and Organization **3** (1982), 323–343.

[58] J.P. Quirk and R. Saposnik, *Admissibility and measurable utility functions*, Review of Economic Studies **29** (1962), 140–146.

[59] R. Rebonato, *Interest rate option models*, Wiley, Chichester, 1998.

[60] H. Robbins and S. Monro, *A stochastic approximation method*, Annals of Mathematical Statistics **22** (1951), 400–407.

[61] R. T. Rockafellar and S. Uryasev, *Optimization of Conditional Value-at-Risk*, Journal of Risk **2** (2000), 21–41.

[62] R.T. Rockafellar, *Convex analysis*, Princeton University Press, Princeton, 1970.

[63] M. Rothschild and J. Stiglitz, *Increasing risk I : a definition*, Journal of Economic Theory **2** (1970), 225–243.

[64] A. Ruszczynski and A. Shapiro, *Optimization of convex risk functions*, Revisited December 22, 2004.

[65] R. Sarin and P. Wakker, *A simple axiomatization of nonadditive expected utility*, Journal of Risk and Uncertainty **60** (1992), no. 6, 1255–1272.

[66] L. J. Savage, *The foundations of statistics*, John Wiley & Sons, New York, 1954.

[67] D. Schmeidler, *Integral representation without additivity*, Preceedings of the American Mathematical Society **97** (1986), no. 2, 255–261.

[68] _____, *Subjective probability and expected utility without additivity*, Econometrica **57** (1989), no. 3, 571–587.

[69] U. Schmidt and S. Traub, *An experimental test of loss aversion*, Journal of Risk and Uncertainty **25** (2002), 233–249.

[70] S. Uryasev and P.M. Pardalos, *Stochastic optimization : Algorithms and applications*, Kluwer Academic Publishers, 2001.

[71] N. Vogelpoth, *Some results on dynamic risk measures*, Ph.D. thesis, University of Munich, 2006.

[72] J. von Neumann and O. Morgenstern, *Theory of games and economic behaviour*, Princeton University Press, Princeton, 1947, 2nd edition.

[73] S. Wang, *Axiomatic characterization of insurance prices*, Insurance Mathematics and Economics **21** (1997), no. 2, 173–183.

[74] X. Warin and W. Van Ackooij, *Prise en compte des aléas de prix dans la gestion de production moyen terme*, Tech. report, HR-33-2006-XXX-FR, 2006.

[75] M. Yaari, *The dual theory of choice under risk*, Econometrica **55** (1987), no. 1, 95–115.

Index

A

acceptable, 7
additivement comonotone, 23
ancrage, 39
approche bayésienne, 22
aversion
    absolue locale, 29
    aux pertes, 27, 39, 42, 44, 45
    faible, 11
    forte, 11, 28
    pour le risque, 7, 20
axiomatique, 7

C

capacité, 23–25
choix
    dans l'incertain, 8, 22
    dans le risque, 8, 22
comonotone, 22, 23
contrat
    future, 59
    spot, 59

D

diversification, 7, 15
dominance stochastique, 13
dominance stochastique, 8–10, 19, 20

E

ensemble

acceptable, 17
etalement à moyenne constante, 9, 10

F

feedback, 50
fonction
    de distortion, 7

I

incertain, 7
indice d'Arrow-Pratt, 29

M

mesure de risque, 7
    cohérente, 15–17
    convexe, 16, 17
    monétaire, 15

N

noyau
    d'une capacité, 23

P

perte d'optimalité, 41
prime
    de risque, 28
    monétaire de contrainte, 41
prime monétaire de contrainte, 41
programmation dynamique stochastique, 53, 55

R

relation
    d'équivalence, 10
    d'ordre, 10
    de préférence, 19
    de préférence, 10, 11, 18, 28
    totale, 10
risque, 7

U

utilité anticipée, 20

www.ingramcontent.com/pod-product-compliance
Lightning Source LLC
Chambersburg PA
CBHW021107210326
41598CB00016B/1360